农村劳动力培训阳光工程项目

病虫专业防治员

谢天丁　主编

中原出版传媒集团

中原农民出版社

·郑州·

图书在版编目（CIP）数据

病虫专业防治员/谢天丁主编 . —郑州：中原出版传媒集
团，中原农民出版社，2013.9
　（农村劳动力培训阳光工程项目）
　ISBN 978 - 7 - 5542 - 0579 - 2

　Ⅰ.①病… Ⅱ.①谢… Ⅲ.①作物—病虫害防治—技术培
训—教材 Ⅳ.①S435

中国版本图书馆 CIP 数据核字（2013）第 222760 号

出版：中原出版传媒集团　中原农民出版社
　　（地址：郑州市经五路 66 号　电话：0371—65751257
　　邮政编码：450002）
发行单位：全国新华书店
承印单位：河南龙华印务有限公司
开本：787mm×1092mm　　　　1/16
印张：9.5
字数：195 千字
版次：2013 年 9 月第 1 版　　印次：2013 年 9 月第 1 次印刷

书号：ISBN 978 - 7 - 5542 - 0579 - 2　　　　定价：19.00 元
　　本书如有印装质量问题，由承印厂负责调换

丛书编委会

主　任：朱孟洲　李永臻
副主任：薛豫宛　史献志　张新友　郭天财
　　　　程双进　刘　开　刘宏敏　徐广印
　　　　褚金祥　康富平　段耀华　刘宏伟
　　　　汪大凯　杨青云　周　军

本书作者

主　编：谢天丁
副主编：段耀华　李贵成　何景新　郭中华
　　　　马冽杨
编　者：韦胜利　朱高纪　崔晓东　刘　健
　　　　裴桂英　刘建娜　姬跃辉　薛建绪
　　　　王永峰　马朝喜　安志伟　柴　静
　　　　徐运峰　沈庆花

编写说明

2013 年，农业部办公厅、财政部办公厅联合下发了《2013 年农村劳动力培训阳光工程项目实施指导意见》，意见指出"农业职业技能培训、农业创业培训不得以简单的讲义、明白纸等代替培训教材"。为了贯彻落实意见精神，在河南省农业厅的大力支持下，我们与河南省农广校、河南省农科院、河南农业大学等有关单位联合编写了这套适合职业农民培训的教材——农村劳动力培训阳光工程项目地方统编教材。本套教材立足培养农村生产经营型人才、专业技能型人才和社会服务型人才，包括《病虫专业防治员》《畜禽养殖技术员》《水产养殖技术员》《村级动物防疫员》《乡村兽医》《人工草地建植员》《水产动物病害防治员》《果桑茶园艺工》《花卉园艺工》《蔬菜园艺工》《肥料配方师》《农药经销员》《兽药经销员》《种子代销员》《农机操作员》《农机维修员》《沼气工》《畜禽繁殖员》《合作社骨干员》《农村经纪人》《农民信息员》《农业创业培训》《乡村旅游服务员》《太阳能维护工》等 24 个品种。

本套教材汇集了相关学科的专家、技术员、基层一线生产者的集体智慧，轻理论重实践，突出实用性，既突出了教材的规范性，又便于农民朋友实际操作。

因教材编写的需要，作者采用了一些公开发表的图片或信息，由于无法与这些图片和信息作者取得联系，在此，谨向图片及有关信息所有者表示衷心感谢，同时希望您随时联系 0371–65750995，以便支付稿酬。

由于时间紧，编写水平有限，疏漏谬误之处，欢迎批评指正，以便我们在改版修订中完善。

丛书编委会
2013 年 9 月

目 录

第一章 病虫专业防治员基础知识

【知识目标】

掌握病虫专业防治员的职责、专业知识、安全知识与相关法律法规，了解生物灾害的分类与危害。

【技能目标】

掌握生物灾害的防控对策。

第一节 职业概述

病虫专业防治员，简称为植保员，是从事预防和控制有害生物对农作物及其产品的危害，保护安全生产的人员。植保员要求具有一定的学习能力、计算能力、颜色与气味辨别能力、语言表达能力、分析判断能力及手眼动作协调能力。

病虫专业防治员在职业活动中的工作职责是预防和控制病、虫和其他有害生物对农作物生长过程的危害，保证农产品安全。这就要求植保员遵守行为规范、爱岗敬业、忠于职守，具有强烈的责任感和为社会服务的意识。

病虫专业防治员应掌握的职业技能

要掌握病虫害的基本知识，如当地主要农作物病虫害的发生种类、危害特点、症状、发生规律、防治指标、防治时机和方法。

掌握必要的病虫害发生发展预测预报技术。如田间调查，每周应调查2～3次，对发生程度和发生量进行详细记载，并进行数据整理，及时向种植户、家庭农场或合作社提供信息。能熟练运用各种防治技术，指导种植户进行病虫害综合防治。

掌握无公害农产品生产技术，指导种植户科学用药，对病虫害进行生态、生物、农业、物理等综合防治。

掌握施药机械的使用方法和维修技术，掌握农药安全施用知识和中毒处理办法。

控制农药残留，保护生态环境，促进农业可持续发展，建设"美丽中国"。

病虫专业防治员应掌握的专业知识

　　植物保护基础知识。如昆虫分类、昆虫的外部形态、昆虫的生物学特性等，病害概念、病原物分类、病害诊断、症状和防治方法。

　　作物主要病虫害的测报调查方法和常用观测器具的安装与使用。

病虫田间调查

　　有害生物综合防治知识。

　　农药及药械应用基础知识。正确配制农药和施用农药，正确地使用手动喷雾器、背负式机动喷雾喷粉机、常温烟雾机、远程宽幅机动喷雾机、喷杆式喷雾机等机械，掌握必要的维修知识。

　　植物检疫基础知识。了解疫情调查方法、标本采集制作方法。

　　作物栽培基础知识。掌握作物栽培及各生育阶段生长发育规律。

　　农业技术推广知识。掌握新农药、新技术推广方法。

　　计算机应用知识。学会必要的电脑操作及数理统计知识。

病虫专业防治员应掌握的安全知识

　　选用农药的基本原则、常用农药的外观质量辨别，能熟练配制农药。

　　安全使用农机具知识。农机农艺配套，选择适合于当地生产习惯的施药方法和药剂。

病虫专业防治员应掌握的法律法规

《中华人民共和国植物检疫条例》及实施细则

《中华人民共和国农药管理条例》及实施细则

《中华人民共和国农业法》

《中华人民共和国种子法》

《中华人民共和国植物新品种保护条例》

《中华人民共和国质量法》

《中华人民共和国经济合同法》

第二节 农作物生物灾害基本知识

一、生物灾害的种类及起因

生物灾害是指由于人类的生产生活不当破坏生物链，或在自然条件下某种生物过多过快繁殖（生长）而引起的对人类生命财产造成危害的自然事件。

1. 农作物病虫害

常见的有：稻飞虱、白粉病、玉米螟、棉铃虫、小麦锈病、棉蚜、稻纹枯病、稻瘟病、麦蚜、麦红蜘蛛、蝗虫、麦类赤霉病等。

2. 生物入侵

某些生物，一旦被自然或人为地引入新的地区，脱离了原来的生活环境，由于缺少天敌等抑制因素，迅速地适应新环境，然后无节制地繁衍，给新栖息地带来严重的生态、经济损失，即生物入侵。

物种引进是生物入侵的一个途径。

正确的引种会增加引种地区生物的多样性，也会丰富人们的物质生活，如20世纪初美国从中国引种大豆，使美国成为大豆的最大生产国和出口国。玉米、花生、甘薯、马铃薯、芒果、槟榔、无花果、番木瓜、夹竹桃、油棕、桉树等物种也非中国原产，也是历经好几百年陆续被引入中国的重要物种。

不适当的引种会使缺乏自然天敌的外来物种迅速繁殖，并抢夺其他生物的生存空间，进而导致生态失衡及其他本地物种的减少和灭绝，严重危害生态安全。

> **生物灾害的起因**
>
> 人类与各种动植物在自然界相互依存，但是地球上最高统治者——人类常常扮演破坏者的角色，如捕杀鸟、蛙，会招致老鼠泛滥成灾；用高新技术药物捕杀害虫，反而增强了害虫的抗药性；盲目引进外来植物会排挤本国植物。这些行为均会造成不同程度的生物灾害，危害生态环境。

二、农作物生物灾害现状

1. 外来入侵生物危害严重

随着全球经济一体化和农产品流通渠道多元化的发展，一些新的有害生物不断传入并迅速扩散。入侵我国的危险性农业有害生物已超过400种，其中造成较大危害的有100余种。在世界自然保护联盟公布的全球100种最具威胁的外来物种中，我国已发现50余种。

20世纪70年代我国新发现的检疫性有害生物只有1种。

20世纪80年代有2种。

20世纪90年代有10种。

近5年新发现18种。

　　稻水象甲在短短几年时间里就从河北唐山市的局部地区扩散到10多个省（市）。

　　原来仅在新疆局部地区发生的苹果蠹蛾，现已越过千里戈壁滩到达甘肃酒泉，并以每年40~50千米的速度向陕西等苹果优势区逼进。

　　原来仅在福建省厦门市局部地区发生的橘小实蝇，目前已在福建、广东等地大面积严重发生，并正在快速向其他优势产区扩散。

　　马铃薯甲虫从欧洲传入新疆后，现正以每年100千米的速度向甘肃和内蒙古扩散。

　　小麦赤霉病原来只在长江流域小麦产区发生，现已扩散到中原和华北小麦产区。2012年河南省中部地区赤霉病发病严重，给种植户带来较大的损失。

　　近年传入我国广东、广西、福建、湖南等地区的红火蚁，不仅影响农业生产和人民生活，而且影响人身健康和生态环境。

　　美洲斑潜蝇自入侵后不到10年间，就已遍布全国，严重危害百余种农作物，受害面积130万公顷。

　　B型烟粉虱自20世纪90年代传入我国，现已扩散到全国各地，对蔬菜、烟草、棉花等作物生产构成严重威胁。

　　中国人俗称的水葫芦（凤眼莲）是怎么侵入的？1884年，原产于南美洲委内瑞拉的凤眼莲在美国新奥尔良博览会上展出，来自世界各国的人见其花朵艳丽无比，便将其作为观赏植物带回了各自的国家，结果——在非洲，水葫芦遍布尼罗河；美国南部沿墨西哥湾内陆河流水道，也被密密层层的水葫芦堵得水泄不通；我国云南滇池，因水葫芦疯狂蔓延使滇池景色大减；福建闽江，因水葫芦暴发造成航道堵塞、淡水养殖受损。

　　……

稻水象甲　　　　　　　　　　水葫芦

2. 毁灭性重大有害生物灾害频繁

近几年，我国农作物病虫草鼠害发生面积不断扩大，突发和暴发的频率增加，作物受害损失逐年加重。一些主要病虫害如蝗虫、小麦条锈病、稻飞虱、稻纵卷叶螟、稻瘟病等连续多年呈高发态势，过去的偶发区变为常发区和重发区。

农业生物灾害的严重发生直接影响社会经济的健康发展。生物灾害的防治费用和经济损失大幅度增加，提高了农业成本，降低了农民收入。此外，检疫性有害生物和农药残留还影响农产品质量安全和国际贸易。我国因防治病虫害导致蔬菜、茶叶等农产品上的有机磷、有机氯和菊酯类农药残留超标，已影响出口贸易；美国、欧盟等以我国橘小实蝇和苹果蠹蛾等检疫性有害生物的发生为由，长期限制我国柑橘等水果的出口贸易。

3. 区域性有害生物种类突发成灾

由于气候等因素的变化，近年来许多区域性病虫种类严重发生。南方的水稻条纹叶枯病年发生面积133.3万公顷次以上，已成为长江中下游地区水稻的顽症。北方小麦吸浆虫年发生面积233.3万公顷次以上，已蔓延至天津、北京等地，形势十分严峻。2007年东方田鼠在洞庭湖区大面积暴发，引起了全球近百家媒体的关注。

4. 检疫性有害生物种类大肆侵入

近年共发现新的检疫性有害生物25种。

5. 抗药性有害生物种类大增

监测表明，全国有500种以上的有害生物对常用农药产生了不同程度的抗性。在南方稻区，稻褐飞虱对吡虫啉产生了中、高度抗性；在中原地区，小麦田间杂草荠菜对苯磺隆之类的除草剂产生了抗性。在安徽等地，2%～7%的赤霉菌菌株对多菌灵产生了抗性。

三、生物灾害防控

农业生物灾害具有突发性、传染性和流行性等特征，早期监测预警和应急扑灭是有效预防控制和铲除有害生物的关键所在,这也是病虫专业防治员的工作重点。要做好这项工作,需要各级政府、涉农企业、农民专业合作社等通力合作,需要病虫专业防治员尽职尽责。

生物灾害防控提示

坚持"预防为主、综合防治"的方针,树立公共植保和绿色植保理念,通过构建新型植物保护体系、完善法规和强化公共管理,全面提升我国农业有害生物监测预警和综合防控能力,保障农业生产安全和可持续发展。

保护生态环境以及生态减灾就是保护和发展生产力。

生物灾害治理具体对策:

1. 提高认识,理清思路

生物灾害是与旱灾、水灾并列的三大农业灾害之一,就局部地区而言,生物灾害比旱灾、水灾更为严重,形势更为严峻。植保工作事关粮食生产安全、农产品质量安全、农业生态安全和农业贸易安全。因此,对新形势、新要求,必须树立公共植保、绿色植保理念,将重大生物灾害的防控由部门行为上升到政府行为,突出生物灾害防控的社会管理和公共服务职能,人为造成大面积生物灾害的要追究责任。

2. 理顺机构,健全队伍

各级政府应高度重视植保机构和植保技术人员队伍建设,在事业单位改革过程中,应明确各级植保机构为政府职能部门,增加编制,充实人员,建立植保技术人员选拔、聘用和培训制度。特别是乡镇至少要有1名专业植保人员,确保基层植保技术人员在数量和质量上满足当前植保工作需要。

3. 加大投入,强化管理

要进一步加强监测预警网络体系的建设,加大业务经费投入,保障监测预警与控制网络体系的有效运行。省级财政设立专项资金,在全省生物灾害调查监测、应急控制、疫情封锁防除、检疫检验等方面给予充足的经费保障。同时,从基层专业化防治队的组建和管理、重大病虫和重大疫情监控、植保人员数量和素质、检验检疫设施、面向农户的植保培训和服务指导等方面制定措施,加强对网络体系的考核和管理,充分发挥监测预警网络体系的作用。

4. 强化宣传,深入指导

由于植保技术专业性强,植保产品更新换代快,面向农民加强宣传和技术服务,是提高生物灾害防治技术水平的重要措施。电视预报是面向农户开展植保信息发布及技术培训和宣传指导的最为快捷、高效的方式和手段,各级政府和宣传部门应大力扶持,推进电视预报工作的开展。省、市、县建立可视化预警控制信息发布平台,并利用手机短信、广播、网络等多种快捷手段,提高生物灾害预警控制水平和覆盖面。同时,建立以农民田间学校为载体的直接面对农民的病虫害防治培训体系，切实把防治技术宣传指导到千家万户。

5. **突出重点，科学防控**

制定一套符合绿色食品生产要求又可有效控制病虫危害的可行的植保技术规范，并大力推广应用，确保绿色食品生产健康持续发展。

通过增加财政补贴等措施，加大植保机械更新换代的速度，科学规范施药，提高施药技术水平。

组建多种形式的专业化防治队，使用先进的喷药机械，提高防治水平。

明确植物检疫各相关部门工作职责，强化疫情普查和检疫监管，有效控制疫情的侵入和扩散蔓延。

开展植保联合攻关和技术创新，解决疑难问题，研究制定科学防控策略。

复习思考题

1. 平时常见的或常听说的生物病虫害有哪些？危害程度怎样？

2. 在洗菜或洗水果的时候，应如何清除残留的农药？

3. 病虫专业防治员应掌握的职业技能有哪些？

第二章 粮食作物病虫害诊断与防治

【知识目标】

1. 了解粮食作物病虫害防治对国民经济的重要性。
2. 了解粮食作物的病虫危害。

【技能目标】

1. 识别粮食作物常见的病害及虫害。
2. 掌握粮食作物常见病虫害的防治方法。

第一节　水稻常见病虫害诊断与防治

水稻主要病虫害有：稻瘟病、纹枯病、细菌性条斑病、稻曲病、稻蓟马、二化螟、三化螟、稻纵卷叶螟、稻飞虱等。

一、常见病害

（一）稻瘟病

1. 症状简介

（1）急性型病斑　有暗绿色近圆形或椭圆形病斑，叶片两面都产生褐色霉层，条件不适应发病时转变为慢性型病斑。

（2）慢性型病斑　叶上产生暗绿色小斑，逐渐扩大为梭形斑，常有延伸褐色坏死线。病斑中央灰白色，边缘褐色，外有淡黄色晕圈，叶背有灰色霉层，病斑多时连片形成不规则大斑。

（3）白点型病斑　感病嫩叶有白色近圆形小斑，不产生孢子，气候条件利其扩展时，转为急性型病斑。

（4）褐点型病斑　高抗品种或老叶上产生针尖大小褐点，只产生于叶脉间，较少产生孢子，叶舌、叶耳、叶枕等部位也可发病。

（5）穗颈瘟　初形成褐色小点，扩展后使穗颈部变褐，造成枯白穗；发病晚的造成秕谷。枝梗或穗轴受害造成小穗不实。

（6）节瘟　稻节上有褐色小点，后渐绕节扩展，使病部变黑，易折断，发生早形成枯白穗。仅在一侧发生造成茎秆弯曲。

（7）苗瘟　病苗基部灰黑，上部变褐，卷缩而死，湿度较大病部有灰黑色霉层。

2. 发生规律

病菌在稻草和稻谷上越冬。翌年产生分生孢子借风雨传播到稻株上，萌发侵入寄主向邻近细胞扩展发病，形成中心病株。病部形成的分生孢子，借风雨传播进行再侵染。播种带菌种子可引起苗瘟，适温高湿，有雨、雾、

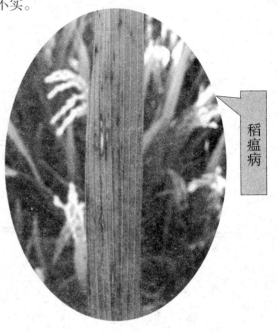

稻瘟病

露存在条件下有利于发病。菌丝生长温度 8～37℃，最适温度 26～28℃。孢子形成温度 10～35℃、湿度 90％以上最适合。孢子萌发需有水存在并持续 6～8 小时。适宜温度才能形成附着孢并产生侵入丝，穿透稻株表皮，在细胞间蔓延摄取养分。阴雨连绵、日照不足或时晴时雨、早晚有云雾或有结露条件时，病情扩展迅速。偏施过施氮肥有利发病。放水早或长期深灌，根系发育差、抗病力弱的田块发病重。主要危害叶片、茎秆、穗部。

3. 防治方法

一是因地制宜种植 2～3 个适应当地条件的抗病品种。

二是无病田留种，处理病稻草，消灭菌源。

三是按水稻需肥规律，采用配方施肥技术，后期做到干湿交替，促进稻叶老熟，增强抗病力。

四是种子用强氯精消毒。

五是抓住关键时期，适时用药。早治叶瘟，狠治穗瘟。

六是药剂喷雾，叶瘟要连防 2～3 次。穗瘟要着重在抽穗期喷药，孕穗期（破口期）和齐穗期防治效果最佳。

常用的药剂有：

20％三环唑（克瘟唑）可湿性粉剂 1 000 倍液。

40％稻瘟灵（富士一号）乳油 1 000 倍液。

50％多菌灵可湿性粉剂 1 000 倍液。

50％甲基硫菌灵可湿性粉剂 1 000 倍液。

40％克瘟散乳剂 1 000 倍液。

5％菌毒清水剂 500 倍液。

（二）水稻纹枯病

纹枯病可使植株茎秆、叶鞘干枯甚至腐烂，引起结实率下降，千粒重降低，甚至植株倒伏（导致绝收）。

1. 症状简介

苗期至抽穗后均可发生，以孕穗期和抽穗期危害最重。发病部位主要在叶鞘、叶片，严重时能深入茎秆，向上扩展至穗部。

叶鞘发病，先在植株基部至水面处出现暗绿色水浸状小斑点，逐渐扩大成椭圆形病斑，病斑边缘褐色到深褐色，中部黄白色到灰白色，病斑相互连接后形成云纹状大斑，叶鞘枯死至腐烂。

叶片发病与叶鞘上病斑相似，病斑灰绿色，谷粒不实，甚至整穗枯死。发病严重时，常导致植株倒伏或成片枯死。

在植株基部叶鞘、叶片上长有白色菌丝状物，丝状物之间生有褐色萝卜籽状小颗粒菌核。后期在病部表面（或叶鞘内侧）有时看到一层白色粉状物，为病菌有性阶段的子实层（担子和担孢子）。

水稻纹枯病

2. 病害来源及传播途径

（1）侵染来源　病菌主要以菌核在土壤中越冬，也能以菌丝体和菌核在病稻草和其他寄主残体上越冬。上年或上季水稻收获后遗留田间的菌核数量与当年或当季发病程度密切相关，一般每公顷遗留的菌核约150万粒，重病田900万~1 200万粒，发病特别严重的田块有3 000万~4 500万粒。菌核的生活力极强，土表或水层中越冬的菌核存活率96%以上，土表下9~25厘米的菌核存活率也在88%以上。在室内干燥条件下保存8~20个月的菌核萌发率达80%，保存11年的菌核仍有28%的萌发率。

（2）传播途径　田间传播主要是通过流水传播，春季灌水时，菌核浮在水面随水流传播。插秧返苗期，菌核漂浮在稻株基部叶鞘上，温度适宜时，菌核萌发成菌丝，由叶鞘内侧表面侵入，在叶鞘表面长出气生菌丝继续向四周扩展反复侵染。从叶鞘向茎内侵染，一般是呈H形垂直侵染。最后，菌核落入土中或随病残（叶鞘、稻根）越冬。

3. 发病条件

纹枯病的发生发展与菌源基数、品种抗性、气候及栽培管理等因素有密切关系。

菌源基数：主要与菌核残留数量关系密切。凡上年轻病田，或当年移栽前灌水时打捞较彻底的地块，发病轻；反之菌核越冬数量大，发病重。

品种抗性：籼稻重于粳稻；矮秆品种重于高秆品种；早熟品种重于晚熟品种。

气候条件：在温度适宜条件下，阴雨天发病较重。

栽培管理：主要受肥水管理影响大。浅水浇灌、适时晾田的发病轻；长期深水灌田的发病重。

4. 防治方法

（1）清除菌源　一般应在稻田第一次灌水整地时进行，此时大多数菌核漂浮在水面上，可彻底打捞被风吹或冲至田边地头的浪渣，带出田外烧掉。浮核萌发率在80%以上，沉核当年萌发率仅在30%左右。所以打捞浮核可有效地控制当年病情。同时还应及时清除田边杂草及病稻草等。

（2）栽培防病 施肥上主要掌握氮、磷、钾肥配合施用，增强植株抗病性；水分管理应掌握湿润灌溉，适时晒田，控制田间湿度。

（3）化学防病 根据病情发展情况及时施药，控制病害扩展，过迟或过早施药，防治效果均不理想。一般在水稻分蘖末期丛发病率达15%，或拔节到孕穗期丛发病率达20%的田块，需要用药防治。前期（分蘖末期）施药可杀死气生菌丝，控制病害的水平扩展；后期（孕穗期至抽穗期）施药，可抑制菌核的形成和控制病害的垂直扩展，保护稻株顶部功能叶不受侵染，可每公顷喷施40～60毫克/升的井冈霉素药液1 100千克进行防治。喷施50%多菌灵可湿性粉剂、50%托布津可湿性粉剂或30%菌核净可湿性粉剂也有良好的防治效果。甲基砷酸钙、甲基砷酸铁胺等有机砷药剂，仍是防治纹枯病的有效药剂，但应在孕穗期前施用，以免发生药害。

（三）水稻细菌性条斑病

1. **症状简介**

主要危害叶片。病斑初为暗绿色水浸状小斑，很快在叶脉间扩展为暗绿至黄褐色的细条斑，大小约1毫米×10毫米，病斑两端呈浸润型绿色。病斑上常溢出大量串珠状黄色菌脓，干后呈胶状小粒。细菌性条斑上则常布满小珠状细菌液。发病严重时条斑融合成不规则黄褐至枯白大斑，与白叶枯类似，但对光可见许多半透明条斑。病情严重时叶片卷曲，田间呈现一片黄白色。

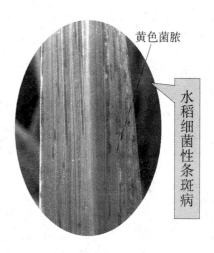

黄色菌脓

水稻细菌性条斑病

2. **传播途径和发病条件**

病菌主要由稻种、稻草和自生稻带菌传染，成为初侵染源，也不排除野生稻、李氏禾的交叉传染。病菌主要从伤口侵入，菌脓可借风、雨、露等传播后进行再侵染。高温高湿有利于病害发生，台风暴雨造成伤口，病害容易流行。偏施氮肥，灌水过深加重发病。

3. **防治方法**

加强检疫，防止调运带菌种子；选用抗（耐）病杂交稻种；避免偏施、迟施氮肥，应配合磷、钾肥，最好采用配方施肥技术；忌灌串水和深水；药剂防治。

（四）稻曲病

稻曲病又名谷花。一般田块穗部发病率1%～3%，严重田块为40%～50%，单穗病粒少的 1~2 粒，多的 10 余粒，直接影响粮食生产及稻米的质量。

1. 发生特点

稻曲病只在穗部发病，一般在水稻灌浆初期至乳熟期发病，受侵染的谷粒，病菌在颖壳内生长，形成直径 1 厘米左右的稻曲代替米粒。稻曲病病菌萌发、发育的最适温度为 25~30℃，34℃以上或 12℃以下病菌不能生长。稻曲病病菌可侵染水稻的花和幼颖。病菌侵染的主要时期为水稻孕穗中期，破口扬花后则很少侵入。在孕穗末期至水稻抽穗期，如遇到湿度大、温度适宜、日夜温差小的气候条件，极有利于该病的发生流行。氮肥偏多、水稻中后期生长嫩绿的田块和低洼湿度大的田块稻曲病发病重。

2. 防治方法

（1）农业防治　选用较抗病品种，合理密植，平衡施肥，控制氮肥用量，增施磷、钾肥，早施追肥促早发，控制穗肥用量，改传统的施肥方法为平衡促进法，使稻株后期自然落黄，增强稻体抗病能力；合理灌水，适时适度搁田、晒田。

（2）化学防治　在水稻破口前 7 天左右亩用 20% 瘟曲灵 50 克喷雾，如果在水稻破口期施药则效果较差，喷药后当天如遇雨第二天要补喷。若水稻抽穗期遇长期阴雨天，则在始穗期再用药 1 次，就可以有效地控制稻曲病的发生。

二、常见虫害

（一）二化螟

1. 危害特点

水稻分蘖期受害出现枯心苗和枯鞘；孕穗期、抽穗期受害出现枯孕穗和白穗；灌浆期、乳熟期受害出现半枯穗和虫伤株，秕粒增多，遇刮大风易倒折。二化螟危害造成的枯心苗，幼虫先群集在叶鞘内侧蛀食，叶鞘外面出现水渍状黄斑，后叶鞘枯黄，叶片也渐死，称为

三化螟

枯鞘期。幼虫蛀入稻茎后剑叶尖端变黄，严重的心叶枯黄而死，受害茎上有蛀孔，孔外虫粪很少，茎内虫粪多，黄色，稻秆易折断。区别于大螟和三化螟危害造成的枯心苗。

2. 发生规律

以幼虫在稻桩、稻草中或其他寄主的茎秆内、杂草丛、土缝等处越冬。气温高于11℃时开始化蛹，15～16℃时成虫羽化。低于4龄期幼虫多在翌年土温高于7℃时钻进上面的稻桩或油菜等越冬作物的茎秆中；均温10～15℃进入转移盛期，转移到越冬作物茎秆中以后继续取食内壁，发育到老熟时，在寄主内壁上咬1羽化孔，仅留表皮，羽化后破膜钻出。有趋光性，喜欢把卵产在幼苗叶片上，圆秆拔节后产在叶宽、秆粗且生长嫩绿的叶鞘上；初孵幼虫先钻入叶鞘处群集危害，造成枯鞘，2～3龄后钻入茎秆，3龄后转株危害。该虫生活力强，食性杂，耐干旱、潮湿和低温条件。主要天敌有卵寄生蜂等。

3. 防治方法

（1）农业防治　合理安排越冬作物，晚熟小麦、大麦、油菜、留种绿肥要注意安排在虫源少的晚稻田中，可减少越冬虫的基数。对含虫多的稻草要及早处理，也可把基部10～15厘米先切除烧毁。可灌水杀蛹，即在二化螟初蛹期烤、搁田或灌浅水，以降低化蛹的部位，进入化蛹高峰期时，突然灌深水10厘米以上，经3～4天，大部分老熟幼虫和蛹会被淹死。

（2）化学防治　除选育、种植耐水稻螟虫的品种外，还应适时用药防治，狠治1代，挑治2代。枯鞘丛率5%～8%或早稻每亩有中心受害株100株，或丛害率1%～1.5%，或晚稻危害团大于100个时，每亩应马上用80%杀虫单粉剂35～40克，或25%杀虫双水剂200～250毫升，或50%杀螟松乳油50～100毫升，或5%杀虫双颗粒剂1～1.5千克拌湿润细干土20千克制成药土，撒施在稻苗上，保持3～5厘米浅水层3～5天可提高防效。此外把杀虫双制成大粒剂，改过去常规喷雾为浸秧田，采用带药漂浮载体防治法能提高防效。杀虫双防治二化螟还可兼治大螟、三化螟、稻纵卷叶螟等，对大龄幼虫杀伤力强、施药适期弹性大。

（二）三化螟

三化螟广泛分布于长江流域以南主要稻区，特别是沿海、沿江平原地区危害严重。三化螟以幼虫钻蛀稻株，取食叶鞘组织、穗苞和稻茎内壁，造成枯心苗、死孕穗、白穗等。

1. 生活史

一年发生3代，以幼虫在晚稻的稻茬内越冬。翌年春发育化蛹，再羽化为成虫。螟蛾白天多潜伏于稻株下部或叶背，夜间活动，有趋光性，喜欢在生长茂盛、嫩绿的稻株上产卵。秧田期卵多产在叶片正面近叶尖处，本田期多产在叶片背面中上部，每头雌蛾产卵2～3块。孵化后蚁螟就在卵块附近的植株上蛀茎危害，造成"枯心团"或"白穗团"。幼虫在转移危害孕穗的水稻时，先在穗苞里咬食嫩粒，抽穗后再蛀入上部茎节造成白穗。水稻在分蘖期和孕穗期易受害，圆秆期和齐穗后蚁螟不易侵入。

2. 综合防治措施

（1）消灭越冬虫源　在螟蛾羽化前，全面处理虫源田稻茬。晚稻收割前对翌年有效虫源田内的白穗群撒白灰标记，冬季及时挖除白穗稻茬；只挑选螟害轻的田块作绿肥留种田；春季，掌握在越冬幼虫化蛹初期（即在惊蛰前后），灌水浸田5~7天，淹死幼虫和蛹。

三化螟

（2）栽培治螟　降低混栽程度，缩减三化螟辗转增殖危害的桥梁田；调整品种和栽植期，使易受害期避开蚁螟盛孵期，可减轻三化螟的危害。

（3）化学防治　根据预测预报在蚁螟盛孵期施药。每亩用18%杀虫双250~300毫升、40%乐果200~250毫升、50%杀螟硫磷75~100毫升、90%敌百虫结晶125~150克或30%乙酰甲胺磷乳油150~250毫升，对水喷雾，施药后保持3~5厘米浅水层2天以上。据研究，每亩用150克有效成分的杀虫双、杀虫单、杀虫环、巴丹在水稻根区施药，可以有效防治秧田或本田的三化螟。

（三）稻纵卷叶螟

1. 危害特点

稻纵卷叶螟是一种迁飞性害虫，分布广泛，我国各稻区均有发生。初孵幼虫取食心叶，出现针头状小点，随虫龄增大，吐丝缀稻叶两边叶缘，纵卷叶片成圆筒状虫苞，幼虫藏身其内啃食叶肉，留下表皮呈白色条斑。为水稻主要害虫，还危害小麦、玉米、谷子、红薯等作物及稗、马唐、狗尾草等禾本科杂草。

2. 生活习性

（1）趋光性　在闷热、无风黑夜，扑灯量很大，且以前半夜为多。雌蛾趋光性强于雄蛾，在灯下雌蛾可占58%~88%，且多数系怀卵雌蛾。

（2）栖息趋荫性　白天，成虫都隐藏在生长茂密荫蔽、湿度较大的稻田里，如无惊扰，很少活动，有的还能在早上飞向稻田附近生长荫蔽茂密的瓜菜园、棉田、薯地、屋边、甘蔗地以及沟边、小山上的杂草、灌木丛中栖息，至晚上又飞回稻田产卵。

（3）产卵趋嫩绿性　成虫产卵喜趋向生长嫩绿繁茂的稻田，虫卵量可比一般稻田高几倍至十几倍。由于卵量不同，各类型水稻的受害程度差异也很大。

（4）趋蜜性　成虫喜食花蜜及蚜虫分泌的蜜露作为补充营养，以延长寿命，增加产卵量。因此，在附近蜜源多的稻田卵量较大，危害也较重。

3. 发生规律

稻纵卷叶螟是一种迁飞性害虫，自北而南一年发生1~11代。南岭山脉一线以南，常年有一定数量的蛹和少量幼虫越冬，北纬30°以北稻区不能越冬，故广大稻区初次虫源均自南方迁来。成虫有趋光性、栖息趋荫蔽性和产卵趋嫩绿性。初孵幼虫大部分钻入心叶危害，进入2龄后，则在叶上结苞，孕穗后期可钻入穗苞取食。幼虫一生食叶5~6片，多者9~10片，食量随虫龄增加而增大，1~3龄食叶量仅在10%以内，幼虫老熟后多数离开老虫苞，在稻丛基部黄叶及无效分蘖

稻纵卷叶螟

嫩叶上结茧化蛹。稻纵卷叶螟发生轻重与气候条件密切相关，适温高湿情况下，有利成虫产卵、孵化和幼虫成活，因此，多雨及多露水的高湿天气，其发生猖獗。

4. 防治方法

（1）农业防治 选用抗（耐）虫水稻品种，合理施肥，使水稻生长发育健壮，防止前期猛发旺长，后期恋青迟熟。科学管水，适当调节搁田时间，降低幼虫孵化期田间湿度，或在化蛹高峰期灌深水2~3天，杀死虫蛹。

（2）生物防治 保护利用天敌，提高自然控制能力。我国稻纵卷叶螟天敌种类有80余种，各虫期均有天敌寄生或捕食，保护利用好天敌资源，可大大提高天敌对稻纵卷叶螟的控制作用。卵期寄生天敌如拟澳洲赤眼蜂、稻螟赤眼蜂，幼虫期天敌如纵卷叶螟绒茧蜂，捕食性天敌如蜘蛛、青蛙等，对稻纵卷叶螟都有很大控制作用。

（3）化学防治 根据水稻分蘖期和穗期易受稻纵卷叶螟危害，尤其是穗期损失更大的特点，药剂防治应狠治穗期受害代，不放松分蘖期危害严重代。施药时期应根据不同农药残效长短略有变化，击倒力强而残效期较短的农药在孵化高峰后1~3天施药，残效期较长的可在孵化高峰前或高峰后1~3天施药。但实际生产中，可结合其他病虫害的防治，灵活掌握。同时必须掌握虫情、苗情和天气特点，抓紧幼虫在进入3龄以前（即叶尖初卷时）施药，亩用25%杀虫双水剂200~250毫升，或90%巴丹可湿性粉剂100克，或50%乙酰甲胺磷100~150毫升，或58%稻虫净可湿性粉剂100克，对水50~60千克喷杀。施药时间，在一天内以傍晚及

早晨露水未干时效果较好，晚间施药效果更好，阴天和细雨天全天均可施药。

（四）褐飞虱

全国稻区均有发生，长江以南发生较多，危害较重，目前是我国及亚洲许多国家水稻生产上的首要害虫。其食性专一，只有取食水稻和野生稻才能完成发育。取食时，成虫和若虫群集稻丛基部吸汁危害，唾液中分泌有毒物质，因而稻株不仅被吸食耗去养分，使谷粒千粒重减轻，秕谷粒增加，而且在虫量大时，引起稻株基部变黑、腐烂发臭，短期内水稻成团、成片死秆倒伏，导致严重减产或绝收。其吸汁或产卵造成的伤口，有利水稻小球菌核病的侵染和扩展。

1. 发生规律

褐飞虱

褐飞虱抗寒力弱，具远距离迁飞习性，冬季低温和食料少是限制其越冬的两个关键因子，某一地区冬季能否种植水稻，可作为其能否越冬的"生物指标"。我国北纬 25°以北的广大稻区无越冬虫源，初次虫源来自南方，每年随春夏暖湿气流，由南往北逐代逐区迁入，到秋季又回迁到南方。豫南稻区每年可发生 2 ~ 3 代。常年长翅型成虫（初次虫源）在 7 月下旬迁入，8 月上、中旬为成虫高峰，称为第一代成虫。第二代若虫在8 月中、下旬，第 3 代若虫在 9 月中、下旬。

长翅型成虫具趋光性，有趋嫩绿习性。处于分蘖盛期至乳熟期且生长嫩绿茂密的稻田虫量大。卵多产在水稻叶鞘肥厚部分的中部，产卵痕呈长条形，初期像开水烫过的暗绿色，后变褐色。短翅型成虫在温暖高湿、食料营养丰富的条件下，出现就多。由于短翅型雌性比例大、寿命长、产卵量多，因此，稻田内短翅型成虫的大量出现，为褐飞虱虫量将迅速增加的预兆，必须引起警惕。

褐飞虱发育适温为 24 ~ 28℃，相对湿度 80% 以上，"盛夏不热、晚秋不凉"，是利于其大发生的气候条件。近年来，提高了水稻复种指数，田间可取食的水稻的生育期延长；扩大种植耐肥、丰产的矮秆品种，特别是杂交稻，因生长繁茂、叶绿质嫩，容易招致其产卵与危害。褐飞虱重要天敌有稻虱缨小蜂、褐腰赤眼蜂等卵期寄生天敌；若虫和成虫期寄生天敌有螯蜂、线虫、白僵菌等。捕食性天敌有多种稻田蜘蛛、黑肩绿盲蝽、蝇蟏等，对其发生有重要抑制作用。

2. 防治方法

（1）农业防治　①加强田间管理：如适时烤田、搁田，浅水勤灌；施肥要做到促控结合，防止水稻前期猛发、封行过早，后期贪青晚熟和倒伏等。②合理布局：相同和同一生育期的水稻连片种植，可防止褐飞虱扩散转移，且便于集中统一进行防治。

（2）化学防治　采取"压前控后"和狠治主害代的策略，掌握在百丛虫量1 000头，2～3龄若虫盛期用药。①喷雾：可选用10%吡虫啉可湿性粉剂、25%扑虱灵可湿性粉剂2 000倍液、25%速灭威可湿性粉剂、10%叶蝉散可湿性粉剂300倍液，80%敌敌畏乳油800倍液喷雾，均有较好效果。②泼浇：每亩可选用10%吡虫啉或25%扑虱灵可湿性粉剂40克对水泼浇。③撒颗粒剂或毒土：每亩用3%呋喃丹颗粒剂或4%叶蝉散颗粒剂2～3千克撒入稻田；也可用80%敌敌畏乳油150克，加适量水稀释，拌细土20～25千克撒施。④滴油扫杀：仅在分蘖期适用，后期不能用。每亩用轻柴油或废机油0.75～1千克，装在竹筒等盛器内（器底开小孔）将油均匀滴入田内，也可将油拌沙15～30千克撒施，待油扩散后，拉绳使稻株上的褐飞虱落水触油而窒息死亡。

（五）白背飞虱

主要分布在长江流域及以南地区。危害早稻、中稻和一季晚稻。

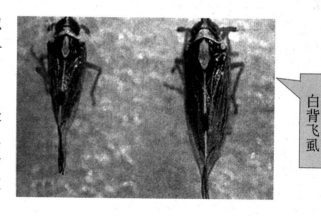

白背飞虱

1. 危害对象

危害对象较褐飞虱多，最喜危害水稻，亦危害野生稻、菰、甘蔗、稗草、狗尾草、看麦娘、游草、麦等禾本科植物。

2. 危害特点

与褐飞虱相似，但成、若虫在稻株上的分布位置较褐飞虱稍高。虫口大时，受害水稻大量丧失水分和养料，上层稻叶黄化，下层叶则黏附飞虱分泌的蜜露而滋生烟霉，严重时稻叶变黑枯死，并逐渐全株枯萎。被害稻田渐现"黄塘"、"穿顶"或"虱烧"，造成严重减产或颗粒无收。

成虫有强趋光性和趋嫩性。在25～29℃的温度条件下，卵历期6～9天，若虫历期10～15天，雌虫寿命约20天，雄虫寿命约15天。雌虫产卵期一般10～19天，每只雌虫产卵180～300粒，其在稻株上的产卵部位随水稻生育期延迟而逐渐上移，分蘖期多产于稻茎下部叶鞘，孕穗期多产于稻茎中部叶鞘，黄熟期则多产于倒数1～2片叶的中肋。

白背飞虱对温度的适应性比褐飞虱强，耐寒力也强于褐飞虱，生长适温为15～

30℃，范围大于褐飞虱；对湿度要求亦较高，适宜相对湿度为80%～90%。生产上，前期多雨、后期干旱是大发生的预兆。水肥管理直接影响稻田小气候，若肥水管理不当，稻苗贪青，不但吸引成虫产卵，还因植株茂密、田间郁蔽、湿度大而有利于白背飞虱的发生。天敌对白背飞虱的影响同褐飞虱一样，是抑制该虫发生的重要因子，天敌种类亦与褐飞虱相同。

3. 防治方法

（1）农业防治

1）合理布局　实施连片种植，防止白背飞虱迂回转移危害。

2）健身栽培　科学管理肥水，做到排灌自如，防止田间长期积水，浅水勤灌，适时搁田；同时合理用肥，防止田间封行过早、稻苗徒长郁蔽，增加田间通风透光度，降低湿度，创造利于水稻生长而不利于飞虱滋生的田间小气候，是控制飞虱危害的重要环节。

3）利用抗虫品种　我国目前有一大批抗飞虱的水稻品种育成并得以推广，成为治理飞虱的关键措施。但应注意避免长期、大规模地依赖少数几个抗虫品种，否则飞虱对抗虫品种极易适应，产生新的"生物型"，导致原有抗虫品种不再抗虫。

4）保护利用自然天敌　除减少施药和施用选择性农药以外，还可通过调节非稻田生态环境提高天敌对稻田害虫的控制作用，主要是在稻田周围（包括田埂）保留合适的植被（如禾本科杂草）。但在一些以周边杂草为中间寄主或越冬寄主的害虫（如稻蝽类、稻甲虫类等）发生较重的地区，此法的选用应酌情取舍。

（2）化学防治　采用"突出重点、压前控后"的防治策略，选用高效、低毒、选择性农药。

1）扑虱灵　又名优乐得、噻嗪酮。在低龄若虫阶段施用效果最好，用药3～5天才有效果，15天后效果最明显，药效可持续1个月。一般发生年份每亩用25%扑虱灵可湿性粉剂15克，重发生年份可提高到20～25克，加水50～60千克喷雾。

2）吡虫啉　一般年份每亩用10%吡虫啉可湿性粉剂15～20克，重发生年份可提高到30～35克，可用常规喷雾、粗水喷雾或撒毒土等方法进行防治，施药后3天防效即超过90%，7～25天防效最好，持效期达1个半月。

另外，每亩用5%锐劲特胶悬剂30～40毫升对水喷雾，防效在90%以上，持效期达1个月，同时还可兼治其他飞虱及二化螟、三化螟等多种害虫。

第二节　小麦常见病虫害诊断与防治

一、常见病害

全世界记载的小麦病害有 200 多种，我国发生较重的有 20 多种。

主要有小麦锈病、小麦赤霉病、小麦白粉病、小麦纹枯病、小麦全蚀病、小麦叶枯病、小麦病毒病、小麦黑穗病等。

（一）小麦锈病

中国小麦叶锈病以西南和长江流域一带发生较重，华北和东北部分麦区也较重。小麦秆锈病主要在华东沿海、长江流域和福建、广东、广西的冬麦区及东北、内蒙古、西北等春麦区发生流行。

1. **危害症状**

（1）条锈病　主要危害叶片，也可危害叶鞘、茎秆及穗部。小麦受害后，叶片表面出现褪绿斑，以后产生黄色疱状夏孢子堆，后期产生黑色的疱状冬孢子堆。条锈病夏孢子堆小，长椭圆形，在成株上沿叶脉排列成行，呈虚线状，幼苗期则不排列成行。

（2）叶锈病　主要危害小麦叶片，有时也危害叶鞘和茎。叶片受害，产生许多散乱的、不规则排列的圆形至长椭圆形的橘红色夏孢子堆，表皮破裂后，散出黄褐色夏孢子粉。夏孢子堆较秆锈病菌小而比条锈病菌大，多发生在叶片正面。后期在叶背面散生椭圆形黑色冬孢子堆。

（3）秆锈病　主要危害茎秆和叶鞘，也可危害叶片和穗部。夏孢子堆长椭圆形，在 3 种锈病中最大，隆起高，褐黄色，不规则散生。成熟后表皮大片开裂并向外翻起如唇状，散出锈褐色夏孢子粉。后期产生黑色冬孢子堆，破裂散出黑色冬孢子粉。

小麦上 3 种锈病的症状有时容易混淆。田间诊断时，可根据"条锈成行叶锈乱，秆锈是个大红斑"加以区分。

2. **流行条件**

小麦锈病的发生和流行主要取决于锈菌小种的变化、品种抗性以及环境条件。

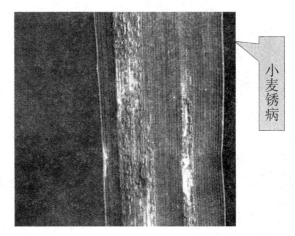

小麦锈病

（1）种群变化　条锈菌生理小种群体结构的重大变化是导致大批抗病品种抗锈性丧失和锈病流行的主要原因。1991年以来，条中30号和31号逐年扩展，导致我国一批抗病品种大范围内丧失抗锈性。

（2）冬季温暖　在冬季温暖的地区，条锈菌可不断繁殖，为春季条锈病的流行提供了大量菌源。春季4月前后，大量的锈菌夏孢子可自南向北传播至黄淮海等广大麦区，造成侵染。

（3）品种易感　大面积种植感病品种或者大面积栽培的抗病品种丧失抗锈性，是锈病流行的基本条件。抗锈性是小麦与锈菌在长期协同演化过程中形成的复杂性状，它有多种类型，主要包括低反应型抗锈性、数量性状抗锈性和耐锈性等三大类型。其表现形式、强度和机制多样。

（4）雨雪较多　影响条锈病发生和流行的环境条件主要是雨水和结露。夏秋多雨，有利于越夏菌源繁殖和秋苗发病；冬季多雪，有利于保护菌源越冬；3~4月雨水多、结露时间长，有利于病菌的侵染、发展和蔓延。在早春无雨情况下，病叶死亡快，不利于条锈病流行。

（5）管理不当　栽培管理措施如耕作、播期、密度、水肥管理和收获方式等对麦田小气候、植株抗病性和锈病发生也有很大的影响。冬灌有利于锈菌越冬；麦田管理不当，追施氮肥过多过晚，使麦株贪青晚熟，加重锈病发生；大水漫灌能提高小气候湿度，有利于锈菌侵染。

3. 防治方法

可用三唑酮、速保利等三唑类杀菌剂拌种或在成株期喷雾。三唑酮可按麦种重量的0.03%拌种，速保利可按种子量的0.01%拌种，持效期在50天以上。

成株期田间病叶率为2%~4%时，应进行叶面喷雾，每亩用12.5%烯唑醇60克或30%的苯甲·丙环唑乳油10毫升对水均匀防治。

（二）小麦赤霉病

小麦赤霉病在世界范围内普遍发生，主要分布于潮湿和半潮湿区域，尤其是湿润多雨的温带地区受害严重。在我国该病过去主要发生于小麦穗期湿润多雨的长江流域和沿海麦区，20世纪70年代以后逐渐向北方麦区蔓延。

1985年小麦赤霉病在河南省大流行，发病面积150万多公顷，减产8.85亿千克。小麦赤霉病不仅影响小麦产量，而且降低小麦品质，使蛋白质和面筋含量减少，出粉率降低，加工性能受到明显影响。同时感病麦粒内含有多种毒素，如脱氧雪腐镰刀菌烯醇和玉米赤霉烯酮等，可引起人、畜中毒，发生呕吐、腹痛、头昏等现象。严重感染此病的小麦不能食用。

1. 危害症状

赤霉病在小麦各生育期均能发生。

小麦赤霉病

苗期感病表现为苗枯，成株期感病表现为茎基腐烂和穗枯，以穗枯危害最重。常是1～2个小穗被害，有时很多小穗或整穗受害。被害小穗最初在基部呈水渍状，后渐失绿褪色而呈褐色病斑，然后颖壳的合缝处生出一层明显的粉红色霉层（分生孢子）。一个小穗发病后，不但可以向上、下蔓延，危害相邻的小穗，并可深入穗轴内部，使穗轴变褐坏死，使上部没有发病的小穗因得不到水分而变黄枯死。后期病部出现紫黑色粗糙颗粒（子囊壳）。子粒发病后缩皱干瘪，变为苍白色或紫红色，有时子粒表面有粉红色霉层。

种子带菌引起苗枯症状，使根鞘及芽鞘呈黄褐色水浸状腐烂，地上部叶色发黄，重者幼苗未出土即死亡。茎基腐则主要发生于茎的基部，使其变褐腐烂，严重时整株枯死。

2. 流行条件

（1）气象条件　小麦抽穗以后降雨次数多，降水量大，相对湿度高，日照时数少是构成穗腐大发生的主要原因，尤其开花到乳熟期多雨、高温，穗腐严重。此外穗期多雾、多露也可促进病害发生。

（2）菌源数量　有充足菌源的重茬地块和距离菌源较近的麦田发病严重。但在我国北方麦区，菌源量较多，一般不是流行的限制因素。

（3）品种抗病性和生育时期　小麦品种间对赤霉病抗病性存在有一定差异，但尚未发现免疫和高抗品种，特别是目前生产上大面积推广的主栽品种对赤霉病抗性均较差。从生育期来看，小麦整个穗期均可受害，但以开花期感病率最高。

3. 防治方法

依据天气预报情况，于小麦初花期（扬花率在10%以下）每亩用50%多菌灵150克，或43%戊唑醇40～45克，或48%氰烯菌酯·戊唑醇悬浮剂25～30克，或25%氰烯菌酯100克，或50%多菌灵100克＋30%苯甲丙环唑20毫升，对水50千克进行防治，尤其要注意玉米茬小麦和易感病品种，盛花期（80%扬花）要加防一次，如花期遇雨，雨后再防一次。

（三）小麦白粉病

小麦白粉病是一种世界性病害。被害麦田一般减产10%左右，严重地块产量损失20%～30%，个别地块甚至减产50%以上。

1. 危害症状

（1）危害时期　小麦白粉病在苗期至成株期均可发生。

（2）危害部位　该病主要危害叶片，严重时也可危害叶鞘、茎秆和穗部。

（3）症状和病征　病部初产生黄色小点，而后逐渐扩大为圆形或椭圆形的病斑，表面生一层白粉状霉层（分生孢子），霉层以后逐渐变为灰白色，最后变为浅褐色，其上生有许多黑色小点（闭囊壳）。

一般叶片正面病斑比反面多，下部叶片多于上部叶片。病斑多时可连接成片，并导致叶片发黄枯死。发病严重时植株矮小细弱，穗小粒少，千粒重明显下降，对产量影响很大。

2. 流行条件

（1）品种抗性　根据抗病性表现，又可把小麦品种对白粉病菌的抗性分为低反应型抗病性、数量性状抗病性和耐病性等。

（2）气候条件　如冬季和早春气温偏高，始发期就较早。湿度和降雨对病害的影响比较复杂，一般来说，干旱少雨不利于病害发生，在一定范围内，随着相对湿度增加，病害会逐渐加重。虽空气湿度较高有利于病菌孢子的形成和侵入，但湿度过大、降雨过多则不利于分生孢子的形成和传播，对病害发展反而不利。

小麦白粉病

（3）肥水条件　一般肥水条件好的高产地块易于发病，但田间水肥不足、土壤干旱、植株生长衰弱、抗病性下降，也会引起病害严重发生。

（4）菌源数量　秋苗发病轻重与越夏地的菌源量有密切关系，而春季白粉病的病情与病菌越冬存活率有一定关系。

3. 防治方法

每亩可用20%三唑酮100毫升，或12.5%烯唑醇60克，或30%苯甲·丙环唑10毫升对水均匀喷雾。

（四）小麦纹枯病

小麦纹枯病对小麦产量影响很大，一般使小麦减产10%～20%，严重地块减产50%左右，个别地块甚至绝收。

1. 危害症状

（1）烂芽和死苗 种子发芽后，芽鞘受侵染变褐，继而烂芽枯死，不能出苗。主要在小麦 3~4 叶期发生，在第一叶鞘上呈现中央灰白、边缘褐色的病斑，严重时因抽不出新叶而造成死苗。

小麦纹枯病苗期危害

（2）茎秆腐烂 返青拔节后，病斑最早出现在下部叶鞘上，产生中部灰白色、边缘浅褐色的云纹状病斑，多个病斑相连接，形成云纹状的花秆。条件适宜时，病斑向上扩展，并向内扩展到小麦的茎秆，在茎秆上出现近椭圆形的"眼斑"，病斑中部灰褐色，边缘深褐色，两端稍尖。田间湿度大时，病叶鞘内侧及茎秆上可见蛛丝状白色的菌丝体，以及由菌丝纠缠形成的黄褐色的菌核。小麦茎秆上的云纹状病斑及菌核是纹枯病诊断识别的典型症状。

（3）倒伏 由于茎部腐烂，后期极易造成倒伏。

（4）孕穗不佳 发病严重的主茎和大分蘖常抽不出穗，形成"枯孕穗"，有的虽能抽穗，但结实减少，子粒秕瘦，形成"枯白穗"。枯白穗在小麦灌浆乳熟期最为明显，发病严重时田间成片枯死。此时若田间湿度较大，病株下部可见病菌产生的菌核，菌核近似油菜籽状，极易脱落到地面上。

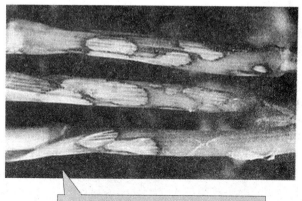

小麦纹枯病后期茎秆危害

2. 流行条件

影响小麦纹枯病发生流行的因素包括品种抗性、气候因素、耕作制度及栽培技术等。

（1）品种抗性 目前生产上推广的品种绝大多数为感病品种，只有极少数表现耐病或中抗，缺乏免疫和高抗品种。感病品种的大面积推广，是当前小麦纹枯病发生严重的原因之一。

（2）耕作与栽培措施 纹枯病是一种"高产病害"，随着水肥条件改善、产量提高而加重。

灌溉条件的改善、播种密度的增高、化肥特别是速效氮肥施用量的增加是纹枯病发生流行的重要因素。播种早、播量大、施氮肥多、田间群体过大、植株郁闭、相对湿度增加，有利于纹枯病发生。

麦田连作年限长、土壤中菌核数量多，有利于菌源积累，发病较重。

（3）气候条件　一般冬前高温多雨有利于发病，春季气温已基本满足纹枯病发生的要求，湿度成为发病的主导因子。3月至5月上旬的雨量与发病程度密切相关。

（4）土壤条件　小麦纹枯病发生与土壤类型也有一定关系。沙壤土地区纹枯病重于黏土地区，黏土地区纹枯病重于盐碱土地区。中性偏酸性土壤发病较重。

3. 防治方法

于小麦返青期，每亩用20%三唑酮100毫升，或12.5%烯唑醇60克，或30%苯甲·丙环唑乳油10毫升，对水50千克喷雾。病害发生重的地块或感病品种，应在10天后再防一次。

（五）小麦叶枯病

小麦叶枯病是引起小麦叶斑和叶枯类病害的总称，世界上报道的叶枯病的病原菌有20多种，我国目前以雪霉叶枯病、根腐叶枯病、链格孢叶枯病（叶疫病）、壳针孢类叶枯病等在各产麦区危害较大，多雨年份和潮湿地区发生尤其严重。小麦感染叶枯病后，常造成叶片早枯，影响子粒灌浆，造成穗粒数减少，千粒重下降，有些叶枯病的病原菌还可引起子粒的黑胚病，降低小麦商品粮等级。

1. 危害症状

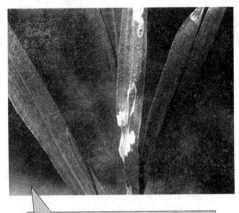

小麦链格孢叶枯病

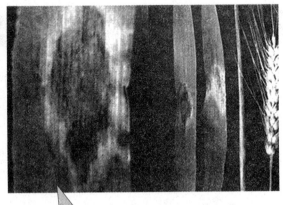

小麦雪霉叶枯病

小麦几种叶枯病发生时期、危害部位和症状特点比较

病害种类	雪霉叶枯病	根腐叶枯病	链格孢叶枯病	壳针孢类叶枯病
发生时期	幼苗至灌浆期	苗期至收获期	小麦生长中后期	小麦生长中后期
危害部位和症状类型	危害幼芽、叶片、叶鞘和穗部,造成芽腐、叶枯、鞘腐和穗腐等症状,以叶枯为主	危害叶片、根部、茎基部、穗部和子粒,造成苗腐、叶枯、根腐、穗腐和黑胚	主要危害叶片和穗部,造成叶枯和黑胚	主要危害叶片和穗部,造成叶枯和穗腐
叶片上病斑特点	病斑初为水浸状,后扩大为近圆形或椭圆形大斑,直径1~4厘米,边缘灰绿色,中央污褐色,多有数层不明显轮纹。叶片上病斑较大或较多时即可造成叶枯	早期在叶片上形成褐色近圆形或椭圆形较小病斑。成株期形成典型的淡褐色梭形叶斑,周围常有黄色晕圈。病斑相互连接形成大斑,使叶片干枯	初期在叶片上形成较小的黄色褪绿斑,后扩展为中央呈灰褐色、边缘黄褐色长圆形病斑。病斑在适宜条件下可连接形成不规则大斑,造成叶枯	初形成淡褐色卵圆形小斑,扩大后形成浅褐色近圆形或长条形,亦可融合成不规则较大病斑。一般下部叶片先发病,逐渐向上发展,重病叶常早枯
病征	病斑表面常形成砖红色霉层,潮湿时病斑边缘有白色菌丝薄层,有时产生黑色小粒点(子囊壳)	潮湿时病斑上可产生黑色霉层	潮湿时病斑上可产生灰黑色霉层	病斑上密生小黑点,为病菌的分生孢子器

2. 流行条件

(1)气候因素 潮湿多雨和比较冷凉的气候条件有利于小麦雪霉叶枯病的发生。4月下旬至5月上旬降水量对病害发展影响很大,如此期降雨量超过70毫米发病严重,40毫米以下则发病较轻。苗期受冻,幼苗抗逆力弱,叶枯病往往发生较重。小麦开花期到乳熟期潮湿(相对湿度大于80%)并配合有较高的温度(18~25℃)有利于各种叶枯病的发展和流行。

(2)栽培条件 氮肥施用过多,冬麦播种偏早或播量偏大,造成植株群体过大,田间郁闭,发病重;麦田灌水过多,或生长后期大水漫灌,或地势低洼排水不良,有利于病害发生。此外,麦田杂草多,倒伏严重,土地耕翻粗糙,病害均有加重趋势。

（3）菌源数量　种子感病程度重，带菌率高，播种后幼苗感病率和病情指数也高。据东北地区研究报道，种子感病程度与根腐叶枯病病苗率和病情指数均呈高度正相关。

（4）品种抗病性　据小麦品种对各种叶枯病的抗病性研究发现，没有免疫品种。虽然品种间抗性存在一定差异，但目前生产上大面积推广的品种多数不抗病。

3. 防治方法

在发病初期应及时喷洒杀菌剂进行防治。防治雪霉叶枯病可用15%三唑酮、12.5%烯唑醇、50%甲基硫菌灵和50%多菌灵；防治其他叶枯病可用20%敌力脱、75%代森锰锌或75%百菌清等药剂。一般第一次喷药后应根据病情发展，间隔10～15天再喷药一次。由于小麦叶枯病病原菌比较复杂，不同杀菌剂复配施用效果更好。

（六）小麦全蚀病

全蚀病是小麦的毁灭性病害，引起植株成簇或大片枯死，降低有效穗数、穗粒数及千粒重，造成严重的产量损失。

1. 危害症状

小麦苗期和成株期均可发病，以近成熟时病株症状最为明显。

幼苗期病原菌主要侵染种子根、地下茎，使之变黑腐烂，部分次生根也受害。病苗基部叶片黄化，心叶内卷，分蘖减少，生长衰弱，严重时死亡。病苗返青推迟，矮小稀疏，根部变黑加重。

小麦全蚀病

拔节后茎基部1～2节叶鞘内侧和茎秆表面在潮湿条件下形成肉眼可见的黑褐色菌丝层，用手可以抹掉。这是全蚀病区别于其他根腐病的典型症状。重病株地上部明显矮化，发病晚的植株矮化不明显。由于茎基部发病，植株早枯形成"白穗"。田间病株成簇或点片状分布，严重时全田植株枯死。

在潮湿情况下，小麦近成熟时在病株基部叶鞘内侧生有黑色颗粒状突起，即病原菌的子囊壳。但在干旱条件下，病株基部"黑脚"症状不明显，也不产生子囊壳。

2. 流行条件

（1）耕作措施　小麦—玉米—小麦连作有利于土壤中病原菌积累，病害逐年加重，合理耕作能减轻发病，但轮作不当则不一定减轻发病。实施免耕或少耕，降低土壤的通气性，能减轻发病。早播较适期迟播发病重。

（2）土壤肥力　一般认为土壤缺氮引起全蚀病严重发生，施用氮肥后全蚀病发病率降低。增施有机肥，提高土壤中有机质含量能明显减轻发病是非常明确的。土壤中严重缺磷或氮、磷比例失调是全蚀病危害加重的重要原因之一。施用磷肥能促进植物根系发育，减轻发病，减少白穗，保产作用明显。钙等其他营养元素对病害也有一定的影响。

（3）土壤性质及温湿度　沙土地保肥水能力差，利于发病；黏重土壤病害较轻；偏碱性土壤发病重于中性或偏酸性土壤。冬麦区冬季温暖、晚秋早春多雨发病重。水浇地比旱地发病重。夏季高温多雨有利于田间病残体的腐熟，降低菌量，能减轻冬麦发病。

（4）品种抗病性　目前国内外均缺乏抗全蚀病的品种，小麦属和大麦属也缺乏可利用的抗源，仅在感病程度上有差异。

3. 防治措施

一是苗期用20%三唑酮加大水量叶面喷施1～2次进行防治。

二是播前用全蚀净（药∶种∶水＝1∶400∶20）＋钼肥（15毫升/亩）拌种。

三是整地前每亩用吡诺胺400克掺混肥料40～50千克撒施；小麦返青期每亩用吡诺胺400克加水50千克喷雾。

四是整地前每亩用20%三唑酮1 000毫升加水50千克喷雾。

二、常见虫害

（一）蛴螬

蛴螬是金龟甲幼虫的通称。它是地下害虫中种类最多、分布最广、危害最重的一个类群。最常见的种类是大黑鳃金龟和铜绿丽金龟。

蛴螬幼虫

1. 形态特征

（1）大黑鳃金龟　成虫长椭圆形，黑色或黑褐色，有光泽。鞘翅上散生小褐点。卵初产时长椭圆形，乳白色，表面光滑，孵化前呈球形，壳透明。老熟幼虫身体弯曲近"C"形，体壁较柔软，多皱纹。蛹为裸蛹，初为白色，最后变为黄褐色至红褐色。成虫具有假死性，性诱现象明显，趋光性不强。

（2）铜绿丽金龟　成虫略小，头、前胸背板、小盾片和鞘翅铜绿色，具金属光泽。雄虫腹面黄褐色，雌虫腹面黄白色。初产卵乳白色，长椭圆形。初化蛹乳白色，后变淡黄色。成虫有假死性，趋光性强，对黑光灯敏感。

2. 危害特点

蛴螬幼虫对小麦的危害比较大，主要集中在小麦苗期，危害小麦幼苗、种子及幼根、嫩茎。它能咬断幼苗根茎，切口整齐，造成幼苗受损或枯死。同时，蛴螬造成的伤口有利于病菌的侵入，易诱发其他病害。

3. 防治方法

多施腐熟的有机肥料，及时灌溉，促使蛴螬向土层深处转移，避开幼苗最易受害时期。播种前拌种，或在播种、移栽前进行土壤处理，可以有效减少虫量；或者在发生危害期药剂灌根，也可有效防治地下害虫。

播种前拌种，可以用40%甲基异柳磷乳油500毫升，对水50~60千克拌种500千克。

在播种前进行土壤处理，可以用3%甲基异柳磷颗粒3~5千克在犁耙地之前均匀撒到地表。

（二）蝼蛄

蝼蛄是重要的地下害虫，主要有6种，危害最严重的有华北蝼蛄和东方蝼蛄。

1. 形态特征

（1）华北蝼蛄　成虫身体比较肥大，体黄褐色，全身密布黄褐色细毛；前胸背板中央有一凹陷不明显的暗红色心脏形斑；前翅黄褐色，覆盖腹部不到一半，后翅纵卷成筒形附于前翅之下；腹部圆筒形、背面黑褐色，有7条褐色横线；足黄褐色，卵椭圆形；初龄若虫头小，腹部肥大，行动迟缓，全身乳白色，渐变土黄色，以后每蜕1次皮，颜色随之加深，5龄以后，与成虫体色、体形相似。

（2）东方蝼蛄　成虫灰褐色，全身密被细毛，头圆锥形，触角丝状，前胸背板卵圆形，中间具一明显的暗红色长心脏形凹陷斑。前足为开掘足，后足胫节背侧内缘具3~4个棘，腹末具1对尾须。卵椭圆形，初乳白色，孵化前为暗紫色。若虫与成虫相似。

2. 危害特点

蝼蛄为多食性害虫，蝼蛄成虫和若虫在土中咬食刚播下的种子和幼芽，或将幼苗根颈部咬断，使幼苗枯死，受害根部呈乱麻状。蝼蛄在地下活动，将表土穿成许多隧道，使幼苗根部透风和土壤分离，导致幼苗因失水干枯致死，缺苗断垄，严重的甚至

蝼蛄

毁种。

3. 防治方法

夏收后，及时翻地，破坏蝼蛄的产卵场所；秋收后，进行大水灌地，使向深层迁移的蝼蛄被迫向上迁移，在结冻前深翻，把翻上地表的害虫冻死。

防治蝼蛄也可用拌种或土壤处理的方法，药剂同蛴螬防治。还可以在小麦出苗后，用麦麸拌敌百虫制成毒饵撒于地表，也可取得较好的防治效果。

（三）金针虫

金针虫亦是重要的地下害虫，危害农作物的有数十种，其中最重要的有沟金针虫和细胸金针虫。

1. 形态特征

（1）沟金针虫　成虫深栗褐色，扁平，密生金黄色细毛，体中部最宽，前后两端较狭。卵乳白色，近似椭圆形。幼虫黄褐色，体形扁平，较宽，尾节粗短，深褐色无斑纹。尾端分叉，并略向上弯曲。蛹体细长，乳白色，近似长纺锤形。

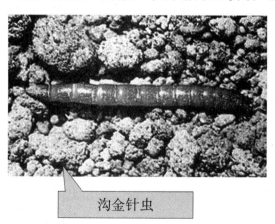

沟金针虫

（2）细胸金针虫　成虫黄褐色，体中部与前后部宽度相似，体形细长，密生灰色短毛，有光泽。卵乳白色，近似椭圆形。幼虫淡黄褐色，细长，圆筒形，尾节圆锥形。蛹乳白色，近似长纺锤形。

2. 危害特点

沟金针虫以旱作区中有机质较为缺少而土质较为疏松的粉沙壤土和沙黏壤土地带发生较重，是我国中部和北部旱作地区的主要地下害虫。细胸金针虫以水浇地、较湿的低洼水地、黄河岸的淤地、有机质较多的黏土地带发生较重。

金针虫以幼虫终年在土中生活。为多食性地下害虫，主要危害多种作物的种子、幼苗和幼芽，能咬断刚出土的幼苗，也可钻入幼苗根颈部取食危害，造成缺苗断垄。

3. 防治方法

小麦播种前深耕土地，增加耙地次数；小麦收获后对土壤翻耕暴晒。

播种前用50%的辛硫磷或48%的乐斯本拌种，比例为药剂∶水∶种子＝1∶（30～40）∶（400～500）。

（四）小麦蚜虫

危害麦类作物的蚜虫主要有麦二叉蚜、麦长管蚜、禾谷缢管蚜等。

1. 形态特征

麦二叉蚜触角短于体长，腹管长过腹末，额瘤明显，有翅型前翅中脉2叉。麦长管蚜触角长于体长，腹管长过腹末，额瘤明显，有翅型前翅中脉3叉。禾谷缢管蚜触角短于体长，腹管短，不过腹末，额瘤不明显，有翅型前翅中脉3叉。

2. 发生规律

麦蚜一年发生10～20代，冬季以无翅蚜在小麦根茎或地下根部潜伏，小麦返青后开始大量繁殖危害。二叉蚜多在小麦苗期危害，喜干旱，畏阳光，分布于植株下部和叶背危害；麦长管蚜喜阳光，前期于上部叶片刺吸危害，后期集中穗部危害；禾谷缢管蚜耐高温，喜温，怕光，分布于植株下部叶鞘中危害。

3. 危害特点

麦蚜在小麦苗期，多群集在麦叶背面、叶鞘及心叶处；小麦拔节、抽穗后，多集中在茎、叶和穗部危害，并排泄蜜露，影响植株的呼吸和光合作用。被害处出现浅黄色斑点，严重时叶片发黄，甚至植株枯死。穗期危害，造成小麦灌浆不足，子粒干瘪，千粒重下降，引起严重减产。以乳熟期危害最重，损失最大。麦蚜又是传播植物病毒的重要昆虫媒介，以传播小麦黄矮病毒危害最重。

4. 防治方法

（1）农业措施　选种抗耐、蚜丰产品种；早春耙压，清除田边杂草；适时集中播种。

（2）化学防治　每亩可用10%吡虫啉粉剂50～60克，或40%氧化乐果乳油60～80毫升，或4.5%高效氯氰菊酯乳油30～50毫升，对水20千克均匀喷雾。

（五）小麦吸浆虫

主要有麦红吸浆虫和麦黄吸浆虫。

1. 形态特征

（1）麦红吸浆虫　雌成虫体橘红色，前翅透明，有4条发达翅脉，触角细长，念珠状。卵长卵形，浅红色。幼虫体椭圆形，橙黄色。蛹为裸蛹，橙褐色。

（2）麦黄吸浆虫　雌体鲜黄色，产卵器伸出时与体等长。卵

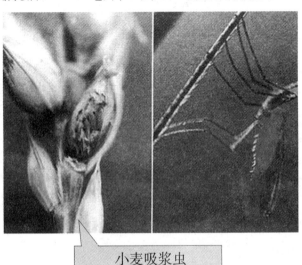

小麦吸浆虫

呈香蕉形, 末端有透明带状附属物。幼虫体黄绿色, 体表光滑。蛹鲜黄色。

2. 发生规律

两种吸浆虫每年发生 1 代, 以末龄幼虫在土壤中结圆茧越夏和越冬。翌年小麦进入拔节期, 越冬幼虫破茧上升到表土层, 小麦孕穗时结茧化蛹, 小麦初抽穗时开始羽化出土, 当天交配后把卵产在未扬花的麦穗上, 各地成虫羽化期与小麦进入抽穗期一致。小麦抽穗扬花期危害较重。如雨水充沛、气温适宜常会引起吸浆虫的大发生。

3. 危害特点

该虫主要以幼虫危害小麦花器和乳熟子粒, 吸食浆液, 造成瘪粒而减产。一般被害麦地减产 30% ~ 40%, 严重者减产 70% ~ 80%, 甚至造成绝收, 是小麦产区毁灭性的一种害虫。

4. 防治方法

(1) 农业措施　选用穗形紧密、内外颖缘毛长而密、麦粒皮厚、浆液不易外流的小麦品种; 实行轮作, 避开虫源。

(2) 化学防治　吸浆虫在达到防治指标时, 及时撒施毒土防治, 或于成虫发生期, 每亩用 4.5% 高效氯氰菊酯或 2.5% 敌杀死 20 ~ 30 毫升对水 40 千克进行防治。

(六) 黏虫

1. 形态特征

成虫体长 15 ~ 17 毫米, 翅展 36 ~ 40 毫米, 头部及胸部灰褐色, 触角丝状。腹部暗褐色, 前翅灰黄褐色、黄色或橙色, 变化较多。幼虫初孵体长 2 毫米, 老熟幼虫体长 30 毫米左右, 头部淡黄褐色, 有暗褐色网状花纹, 咀嚼式口器。幼虫蜕皮 5 次共 6 龄, 1 ~ 3 龄幼

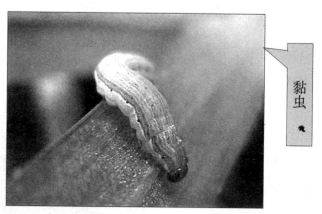

黏虫

虫取食嫩叶, 体灰褐稍带绿色, 4 龄后虫口密度大, 光照足时黑绒色, 密度小时淡黄绿色, 胸、腹部圆筒形。

2. 发生规律

黏虫发生的数量与危害程度, 受气候条件、食物营养及天敌的影响很大, 如环境适合, 发生就严重, 反之, 危害较轻。

(1) 气候条件　温湿度对黏虫的发生影响很大, 雨水多的年份黏虫往往大发生。成虫产卵适温为 15 ~ 30℃, 最适温为 19 ~ 25℃, 相对湿度为 90% 左右。不同

温湿度对幼虫的成活和发育影响也很大，特别是1龄幼虫更为明显。

（2）食物营养　成虫卵巢发育需要大量的碳水化合物，主要是糖类。早春蜜源植物多的地区，第一代幼虫就多。幼虫喜食禾本科植物，取食后发育较快，而且蛹重较大，成虫也较健壮。

3. 危害特点

幼虫食叶，大发生时可将作物叶片全部食光，造成严重损失。

4. 防治方法

可用90%晶体敌百虫1 000倍液，或50%马拉硫磷乳油1 000~1 500倍液，或90%晶体敌百虫1 500倍液加40%乐果乳油1 500倍液进行防治。

第三节　玉米常见病虫害诊断与防治

一、常见病害

（一）大斑病

1. 发生特点

玉米大斑病主要发生在气候较凉爽的玉米种植区，病害发生在玉米抽雄以后，下部叶片首先发病并迅速向上部叶片扩展，在叶片上产生大量病斑，影响植株光合作用，造成子粒灌浆不足，导致产量下降。一般年份，大斑病造成5%的减产，在病害严重发生年份，感病品种的损失率在20%以上。

2. 病害症状

以叶片受害最重，叶片受侵染后，出现点状水浸斑。病斑沿叶脉迅速扩展并不受叶脉限制，很快形成水梭形、中央灰褐色的大斑病，一般先从植株下部叶片开始发病，逐渐向上扩展。发病初期，叶片上出现水渍状青灰色斑点，然后沿叶脉逐渐向两端扩展，形成纺锤形或梭形大斑，病斑中央黄

玉米大斑病

褐色或青灰色，边缘暗褐色。在感病品种上病斑一般长5~10厘米、宽1厘米，严重时叶片变黄枯死。潮湿时，病斑上产生大量黑色霉层，即病菌的分生孢子梗和分

生孢子。在抗病品种上病斑小，表现为褐色坏死条纹，周围有褪绿晕圈，病部不产生或极少产生黑色霉层，夏玉米一般较春玉米发病重。

3. 防治方法

（1）种植抗病品种　不同品种对大斑病抗性差异显著，在缺少高抗品种的地方，可以种植丰产性好、抗性中等的品种。

（2）控制菌源　秋收后及时清理田园，减少遗留在田间的病株；冬前深翻土地，促进植株病残体腐烂；发病初期，打掉植株底部病叶。

（3）农业措施　施足底肥，增施磷、钾肥，提高植株抗病性；与其他作物间、套作，改善玉米田的通风条件，减少病原菌侵染。

（4）化学防治　制种田发病初期应及时用药，常用药剂有75%百菌清可湿性粉剂300~500倍液、50%多菌灵可湿性粉剂500倍液、80%代森锰锌可湿性粉剂500倍液。抽雄期连续喷药2~3次，每次间隔7~10天。

（二）小斑病

1. 发生特点

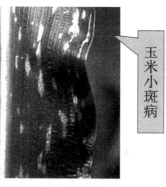

玉米小斑病

玉米小斑病是玉米生产中的重要病害之一，主要发生在气候温暖湿润的地区，在玉米全生育期均可发生，植株抽雄后为病害发生高峰，叶片因布满病斑而枯死。感病品种在一般发病年份减产10%以上，重发病年份减产20%~30%。玉米小斑病的发生除与品种抗病性有关外，还与气候条件、菌源数量有密切关系。重茬连作、秸秆还田、病残体量大、菌源大量积累的田块发病重。25℃以上，雨日雨量、露日露量较多时，夏玉米小斑病就容易流行。种植密度过大或低洼地发病较重。

2. 病害症状

玉米整个生育期均可发病，以抽雄期前后发病最重。主要危害叶片，也可危害叶鞘、苞叶和果穗。叶片发病，常因品种不同而表现为不同症状类型。第一种类型，病斑椭圆形或长方形，多限于叶脉之间，中央黄褐色，边缘深褐色，有时病斑上有2~3个同心轮纹；第二种类型，病斑呈椭圆形或纺锤形，不受叶脉限制，灰色或黄褐色，边缘不明显，病斑上有时有轮纹；第三种类型，病斑表现为黄褐色坏死小斑点，病斑一般不扩大，周围有黄色晕圈。当叶片上病斑密集时，常相互融合成一片，致使叶片变黄枯死。天气潮湿时，病斑上产生灰黑色霉层（病菌的分生孢子梗和分生孢子）。叶鞘和苞叶上的病斑纺锤形，黄褐色，边缘紫色或不明显，病部产生灰黑色霉层。果穗受害，病部出现不规则的灰黑色霉区，严重时果穗腐烂，种子发黑霉变。

3. 防治方法

（1）推广抗病品种　推广种植中单2号、豫玉11号、豫玉34、丹玉13及掖单系统杂交种等抗病高产品种，可有效减轻小斑病的发生。

（2）加强栽培管理　在拔节及抽穗期追施复合肥，促进植株健壮生长，提高抗病力。

（3）清洁田园　将病残体带出田外集中烧毁，减少发病来源。

（4）化学防治　发病初期用50%多菌灵可湿性粉剂500倍液，或65%代森锰锌可湿性粉剂500倍液，或70%甲基托布津可湿性粉剂500倍液，或75%百菌清可湿性粉剂800倍液，或农抗120水剂100~120倍液喷雾。从心叶末期到抽雄期，每7天喷1次，连喷2~3次。

（三）弯孢菌叶斑病

1. 发生特点

弯孢菌叶斑病主要发生在玉米生长中后期，发病严重时造成叶片枯死，导致产量损失，重病田减产30%以上。

2. 病害症状

病害主要发生在叶片上，也侵染叶鞘和苞叶。发病初期，叶片上出现小点状褪绿斑，病斑逐渐扩展，呈圆形或椭圆形，中央黄白色，边缘褪色或有褪绿晕圈，有些品种仅表现为褪绿斑。病斑一般大小为（1~2）毫米×2毫米，在一些品种上病斑为（4~5）毫米×（5~7）毫米。在感病品种上，病斑密布全叶，相连成片，导致叶片枯死。

弯孢菌叶斑病

3. 防治方法

（1）种植抗病品种　已知高抗品种较少，在病害发生严重地区，可选择具中抗水平的品种，以减少病害造成的损失。

（2）减少菌源　收获后及时清洁田园中的植株病残体；通过深翻，促使病残体腐烂；将收获的玉米秸秆粉碎并充分腐熟，以使秸秆上的病菌分解死亡。

（3）农业措施　通过施肥、改善田间通风条件等措施，提高植株抗病性。

（四）褐斑病

1. 发生特点

玉米褐斑病主要发生在玉米生长中后期，一般对生产影响不显著，但在一些感病品种上发生严重，常导致在玉米生长前期病叶快速干枯，引起减产。

2. 病害症状

病害发生在玉米叶片、叶鞘及茎秆，有时在果穗外苞叶和雄花上出现黄色长圆形到圆形的小斑点。首先在顶部叶片的尖端发生，以叶和叶鞘交接处病斑最多，出现横带状症状。最初为黄褐或红褐色小斑点，病斑为圆形、椭圆形到线形或梭形，隆起附近的叶组织常呈红色，小病斑常汇集在一起，严重时叶片上出现几段甚至全部布满病斑，叶片上的病斑常呈白色透明；在叶鞘上和叶脉上出现较大的褐色斑点，发病后期病斑表皮破裂，叶细胞组织呈坏死状，散出褐色粉末（病原菌的孢子囊），病叶局部散裂，叶脉和维管束残存如丝状。茎上病变部位多发生于节的附近，常常在感染中心折断。

3. 防治方法

（1）农业措施　玉米收获后彻底清除病残体组织，并深翻土壤。施足底肥，适时追肥。一般应在玉米 4～5 叶期追施苗肥，每亩追施尿素（或氮、磷、钾复合肥）10～15 千克。发现病害，应立即追肥，注意氮、磷、钾肥搭配。

（2）化学防治　玉米褐斑病要以预防为主，在玉米 4～5 片叶期，用 25% 三唑酮可湿性粉剂 1 500 倍液进行叶面喷雾。

玉米发病时，用 25% 三唑酮可湿性粉剂 1 500 倍液叶面喷雾，喷药要均匀周到，保护好上部叶片，尤其是雌穗以上的叶片都要喷到。为了提高防治效果，可在药液中适当加些天丰素、磷酸二氢钾、尿素等，促进玉米植株健壮，提高玉米抗病能力。

（五）锈病

1. 发生特点

玉米锈病包括普通锈病、南方锈病、热带锈病、秆锈病 4 种。南方玉米锈病在局部地区发生；普通锈病主要发生在玉米生长后期，病害严重时，叶片上因布满锈色病原菌而影响植株光合作用及代谢，导致减产 1%～3%。

2. 病害症状

病害可以发生在玉米植株地上部的任何部位，以叶片发病最为严重。发病初期，叶片上散生黄色小斑点，病斑逐渐隆起，圆形或椭圆形，黄褐色或红褐色。在一些玉米品种上，病斑周缘有褪绿晕圈。病斑表皮破裂后，散出大量锈色粉状物，为病菌的夏孢子。植株生长后期，在病斑上逐渐形成黑色突起，破裂后散出黑色粉状物，为病菌的冬孢子。

3. 防治方法

一是选育抗病品种。

二是施用酵素菌沤制的堆肥，增施磷、钾肥，避免偏施、过施氮肥，提高寄主抗病力。

三是加强田间管理，清除酢浆草和病残体，集中深埋或烧毁，以减少侵染源。

四是在发病初期喷洒 25% 三唑酮可湿性粉剂 1 500～2 000 倍液、或 40% 多·硫悬浮剂 600 倍液、50% 硫黄悬浮剂 300 倍液、30% 固体石硫合剂

玉米锈病

150 倍液、25% 敌力脱乳油 3 000 倍液、12.5% 速保利可湿性粉剂 4 000～5 000 倍液等，隔 10 天左右 1 次，连续防治 2～3 次。

（六）粗缩病

1. 发生特点

玉米粗缩病近年来在我国局部地区发生日益加重，田间植株发病率 3%～15%。粗缩病属于昆虫传播病害，主要传毒媒介为灰飞虱，通过刺吸带毒的小麦及其他禾本科杂草，获毒后迁飞至玉米植株取食，从而传播病害。

2. 病害症状

玉米整个生育期都可感染发病，以苗期受害最重，5～6 片叶即可表现症状，开始在心叶基部及中脉两侧产生透明的油浸状褪绿虚线条点，逐渐扩及整个叶片。病苗叶色浓绿，叶片僵直，宽短而厚，心叶不能正常展开，病株生长迟缓、矮化叶片背部叶脉上产生蜡白色隆起条纹，用手触摸有明显的粗糙感。9～10 叶期，病株矮化现象更为明显，上部节间短缩粗肿，顶部叶片簇生状如君子兰，病株高度不到健株一半，多数不能抽穗结实，个别雄穗虽能抽出，但分枝极少，没有花粉。果穗畸形，花丝极少，植株严重矮化，雄穗退化，雌穗畸形，严重时不能结实。

3. 防治方法

（1）选种抗、耐病品种　当前较抗玉米粗缩病的玉米品种有鲁单 50、鲁单 981、农大 108 等，可因地制宜地选种。

（2）农业防治　在小麦、玉米等作物播种后收获前清除田边、沟边杂草，精耕细作，作物田及时除草，以减少虫源。适当调整玉米播种期使玉米苗期错过灰飞虱的盛发期。合理安排种植方式，加强田间管理，及时施肥浇水，提高植株抗病能力。结合间苗定苗，及时拔除病株，以减少病株和侵染源，严重发病地块及早改种。

玉米粗缩病

（3）化学防治　可用40%甲基异柳磷按种子量的0.2%拌种或包衣；在出苗前，可每亩用10%吡虫啉10克对水喷雾防治；灰飞虱若虫盛期可每亩用25%捕虱灵20克对水喷雾防治，注意田边、沟边都要喷到。

（七）瘤黑粉病

1. **发生特点**

玉米瘤黑粉病侵染植株的茎秆、果穗、雄穗、叶片等幼嫩部位，所形成的黑粉瘤消耗大量的植株养分，导致植株空秆不结实，可以造成30%～80%的产量损失。

2. **病害症状**

病害可以发生在玉米生育期的各个阶段，病菌能够侵染植株的所有地上部分。被侵染的部位产生形状各异、大小不一的瘤状物。膨大的瘤状物组织初为白色，渐变为灰白色，内部白色，肉质多汁。当瘤状物外表的薄膜破裂后，散出大量的黑色粉末。

3. **防治方法**

（1）轮作倒茬　玉米瘤黑粉病病菌主要在土壤中越冬，所以进行大面积的轮作倒茬是防治该病的首要措施，尤其是重病区至少要实行3～4年的轮作倒茬。

（2）选种　选种抗病品种。

（3）消灭病菌来源　越冬期间注意铲除病株、及时销毁，并应在春播前处理完毕；秸秆用作肥料时要充分腐熟；田间遗留的病残组织应及时深埋。

（4）种子处理　可以用50%福美双可湿性粉剂以种子重量的0.2%拌

瘤黑粉病

种，以消灭种子所带的病菌，同时还可以促进幼苗生长，提高抗病能力。

（5）加强田间管理　及时灌水，合理追肥，合理密植，增加光照，增强玉米植株抗逆性。

（八）茎腐病

1. 发生特点

玉米茎腐病，也叫茎基腐病，是指引起玉米茎或茎基部腐烂，并导致全株迅速枯死的一类病害。茎腐病一般从玉米灌浆期开始发生，乳熟至蜡熟期为显症盛期，特别是雨后骤晴时，萎蔫和青枯更为明显，因此，该病也被称为青枯病。

2. 病害症状

（1）真菌性茎腐病　玉米灌浆期开始在根系发病，乳熟后期至蜡熟期为发病高峰期。从始见青枯病叶到全株枯萎，一般需5～7天。发病快的仅需1～3天，长的可持续15天以上。玉米病株在乳熟后期常突然成片萎蔫死亡，因枯死植株呈青绿色，故称青枯病。先从根部受害，最初病菌在毛根上产生水渍状淡褐色病变，逐渐扩大至次生根，直到整个根系呈褐色腐烂，逐渐向茎基部扩展蔓延，茎基部1～2节处开始出现水渍状梭形或长椭圆形病斑，随后很快变软下陷，内部空松，一捏即瘪，手感明显。节间变淡褐色，果穗苞叶青干，穗柄柔韧，果穗下垂，不易掰离，穗轴柔软，子粒干瘪，脱粒困难。

（2）细菌性茎腐病　主要危害中部茎和叶鞘，玉米10片叶时，叶梢上出现水渍状腐烂，病组织开始软化，散发出臭味。叶鞘上病斑呈不规则形，边缘浅红褐色，病健组织交界处水渍状尤为明显。湿度大时，病斑向上下迅速扩展，严重时植株常在发病后3～4天后病部倒折，溢出黄褐色腐臭菌液。病菌存于土壤中病残体上，自植株的气孔或伤口侵入。高温高湿，有害虫造成伤口时发病严重。

3. 防治方法

（1）选用抗病品种　种植抗病品种是一项最经济有效的防治措施，如选用郑单958、农大108、鲁单50、鲁单981等品种。

（2）轮作换茬　在同一地块中连年种植玉米，可造成病原菌在土壤中大量积累，发病会逐年加重。如果与大豆、花生等非寄主作物实行轮作，可显著减轻病害的发生。

玉米茎腐病

（3）清洁田园　玉米收获后，及时清除田间的病株和落叶，集中进行处理，可大幅度减少病源菌的积累，减少侵染来源。秋耕时深翻土壤，也可减少和控制侵染源。

（4）使用包衣种子　优质的种子包衣剂中既含有杀菌剂、杀虫剂，也含有微量元素，既能抵抗病原菌侵染，又能促进幼苗生长，增强抗病能力。

（5）加强栽培管理　及时做好中耕、培土、除草工作，增强根系吸收能力；低洼地应注意排水，以降低田间湿度，加强土壤通透性，有利于减轻病害的发生。

（6）化学防治　发现零星病株可用甲霜灵400倍液或多菌灵500倍液喷根茎或灌根，每隔7~10天喷1次，连治2~3次，有较好的治疗效果。

二、常见虫害

（一）玉米螟

1. 形态特征

玉米螟俗名钻心虫，老熟幼虫体长20~30毫米，淡褐色，头壳及前胸背板深褐色，有光泽；体背灰黄或微褐色，背线明显，暗褐色，片面显著；中后胸毛片每节4个，腹部1~8节每节6个，前排4个较大，后排2个较小，腹足趾钩3序缺环。

2. 发生特点

玉米螟以幼虫危害，可造成玉米花叶、折雄、折秆、雌穗发育不良、子粒霉烂而导致减产。初孵幼虫，取食嫩叶叶片表皮及叶肉后即潜入心叶内蛀食，使被害叶呈半透明薄膜状或成排的小圆孔，称为花叶；玉米打苞时幼虫集中在苞叶或雄穗咬食；雄穗抽出后，又蛀入茎秆，风吹易造成折雄；雌穗长出后，幼虫虫龄已大，大量幼虫到雌穗上咬食子粒或蛀入雌穗及其附近各节，食害髓部破坏组织，影响养分运输使雌穗发育不良，千粒重降低，虫蛀处易被风吹折断，形成早枯和瘪粒，减产很大。

3. 防治方法

（1）农业防治　于越冬幼虫羽化以前，处理玉米、高粱、棉花等越冬寄主的茎秆，消灭越冬虫源；种植诱杀田；选育抗虫品种。

（2）生物防治　于玉米螟蛾产卵盛期释放赤眼蜂杀卵；于玉米心叶中期用白僵菌颗粒剂施入心叶喇叭口中杀死幼虫；成虫发生期利用黑光灯或性诱剂诱杀。

（3）化学防治　玉米心叶末期　用25%西维因可湿性粉剂按1:50混细土配成毒土，每株2克，撒入心叶；用5%甲基异硫磷颗粒剂按1:6拌煤渣，每株2克，撒入心叶；用1.5%辛硫磷颗粒剂按1:15拌煤渣，每株1克，撒入心叶。

玉米穗期药液灌注雄穗：常用药剂有18%杀虫双水剂500倍液，90%敌百虫晶体或50%辛硫磷乳油800~1 000倍液、50%乙硫磷乳油1 000倍液等。这些药液均按每株10毫升的用量灌注露雄期的玉米雄穗。药液点花丝：将辛硫磷乳油800~

1 000 倍液装入带细塑料管的瓶中，在玉米授粉结束而幼虫尚未集中花丝危害时，将药液滴几滴在雌穗顶端的花丝基部，熏杀幼虫。

（二）棉铃虫

1. 形态特征

棉铃虫以幼虫钻蛀玉米危害。幼虫有 5 龄，成熟幼虫体长 32 ~ 50 毫米，头部有黄褐色等多种颜色，体色有绿色、浅绿色、黄白色或浅红色，背上有 2 条或 4 条条纹，各腹节有刚毛疣 12 个。

2. 发生特点

棉铃虫在我国各地均有发生，1 年发生 3 ~ 7 代，危害 200 多种植物，属于杂食性害虫。近年来，棉铃虫对玉米的危害逐渐加剧，在我国北方玉米种植区已成为重要害虫之一。棉铃虫幼虫主要钻蛀玉米果穗，也取食叶片，取食量明显较玉米螟大，因

棉铃虫

此对果穗造成的损害更突出。棉铃虫以蛹在土壤中越冬。

3. 防治方法

1 代主要在麦田危害，2 代幼虫主要危害棉花顶尖，3 ~ 4 代幼虫主要危害棉花的蕾、花、铃，造成受害的蕾、花、铃大量脱落，对棉花产量影响很大。4 ~ 5 代幼虫除危害棉花外，有时还会成为玉米、花生、豆类、蔬菜和果树等作物上的主要害虫。

幼虫有转株危害的习性，转移时间多在夜间和清晨，这时施药易接触到虫体，防治效果最好。常用药剂有灭铃皇、快杀灵、久敌乳油、辉丰一号、灭多威、功夫菊酯、棉铃宝、灭铃神等。灭铃皇集菊酯类和有机磷杀虫剂的优点于一体，增效作用显著，具有强烈的触杀、胃毒效能，兼有一定的杀卵作用，见效快，击倒力强。另外土壤浸水能造成蛹大量死亡。

（三）白星花金龟

1. 形态特征

白星花金龟成虫椭圆形，古铜色或青铜色，有绿紫色光泽，体长 17 ~ 24 毫米，体表有大量横向、不规则的白色绒斑。

2. 发生特点

白星花金龟在我国主要分布在华北、东北、西北及华中地区，1 年发生 1 代，

危害玉米、向日葵、蔬菜、果树的花器。在玉米成株期，成虫取食幼嫩子粒及雄穗，造成危害。以幼虫在腐殖质或厩肥中越冬。

白星花金龟

3. 防治方法

（1）粪堆处理　大力倡导施用有机肥，扩大沼气工程建设，破坏幼虫的生活场所，达到彻底控制该虫的目的。从源头抓起，将幼虫的生活场所彻底清除干净是最有效的办法。

在秋末和开春后至4月底之前，将粪堆翻1～2次，捡拾粪土交界处的白星花金龟幼虫集中消灭。翻粪堆时，最好边翻捡幼虫边打药（可用氧化乐果、乙酰甲胺磷等200～500倍液），将幼虫彻底消灭干净。

6～8月对没有处理的粪堆，要用棚膜封闭严实，阻止白星花金龟成虫进入内部产卵繁殖后代。

在冬闲时节，将粪和其下15厘米的土一同均匀撒施到大田中，使越冬幼虫被冻死、风干或被天敌啄食。

（2）人工捕捉　5～9月成虫发生期，利用成虫有群聚危害的习性，在早晚气温低（18℃以下）成虫不大活动的期间，人工捕捉，集中消灭。

（3）毒饵诱杀　西瓜大批量成熟上市后，将西瓜切成两半，留部分瓜瓤，其中撒上20克敌百虫等杀虫剂，放在农作物和果园地四周，每亩40～50个，可有效诱杀成虫。特别提醒农户要设置警示牌，用后的残留物要挖坑深埋，防止牲畜误食引起中毒。

（4）挂瓶诱杀　成虫初发期至作物整个生长期，在农作物和果园地四周距地面1～1.5米处挂瓶，每亩40～50个。瓶内放入糖醋液（糖醋液比例为酒：糖：醋：水＝1:2:3:4，加适量的敌百虫），可有效引诱成虫入瓶。瓶中的糖醋液蒸发后要及时补充，最好一周补充一次。诱满后将虫收回集中消灭，再放糖醋液重新诱杀。

（5）驱避成虫　将人工捕捉和诱集到的成虫捣烂，用水浸泡2～3天，滤出过滤液或加水稀释成50倍液，在果实将要成熟时喷在各种受害作物上，可起到驱避成虫的作用，从而阻止其危害。

（6）化学防治　成虫发生期，在大田作物上喷施2.5%功夫乳油1 500倍液或5%云菊天然除虫菊800倍液，可有效控制白星花金龟的危害。鲜食玉米、园艺作物严禁大面积喷施化学农药，以免因农药残留造成中毒。

（四）蓟马

1. 形态特征

黄呆蓟马雄虫体长 1~1.2 毫米，暗黄色，行动迟缓，在叶背面取食；禾蓟马雌虫体长 1.3~1.4 毫米，灰褐色或褐色，行动活泼，在叶面取食；烟蓟马成虫体长 1.1 毫米，黄褐色，腹部 7 节，复眼暗红色，3 只单眼排列为三角形。

蓟马

2. 发生特点

蓟马在我国各玉米种植区都有发生，但仅在少数年份会对生产造成影响。蓟马能够危害多种禾本科作物和杂草。在玉米幼苗期，蓟马主要集中在心叶中刺吸危害。

3. 防治方法

（1）农业防治　早春清除田间杂草和枯枝残叶，集中烧毁或深埋，消灭越冬成虫和若虫。加强肥水管理，促使植株生长健壮，减轻危害。

（2）物理防治　利用蓟马趋蓝色的习性，在田间设置蓝色粘虫板，诱杀成虫，粘虫板高度与作物持平。

（3）化学防治　可选用 25% 吡虫啉可湿性粉剂 2 000 倍液，或 5% 啶虫脒可湿性粉剂 2 500 倍液，或 10% 吡虫啉可湿性粉剂 1 000 倍液，或 20% 毒·啶乳油 1 500 倍液，或 4.5% 高效氯氰菊酯乳油 1 000 倍液与 10% 吡虫啉可湿性粉剂 1 000 倍液、5% 溴虫氰菊酯 1 000 倍液混合喷雾，见效快，持效期长。为提高防效，农药要交替轮换施用。在喷雾防治时，应全面细致，减少残留虫口。

（五）玉米蚜

1. 形态特征

玉米蚜通过刺吸玉米植株汁液对玉米的生长造成影响。有翅胎生雌蚜体长 1.6~1.8 毫米，头胸黑色，腹部深绿色，腹管黑色。无翅胎生雌蚜体长 1.8~2.2 毫米，浅绿色或墨绿色，有一薄层蜡粉，腹管暗褐色。

蚜虫

2. 发生特点

玉米蚜在我国各玉米种植区都有发生，危害多种禾本科作物和杂草，在玉米全生育期都可以造成危害。玉米蚜1年繁殖10~20代。蚜虫主要在幼叶、茎秆、雄穗、雌穗上刺吸汁液，直接导致生产损失。玉米蚜还传播多种病毒病，是造成病毒病田间流行的重要因素。玉米蚜以成蚜或若蚜在冬小麦和禾本科杂草的心叶里越冬。

3. 防治方法

（1）化学防治　在蚜虫数量较大时，应及时喷施药剂进行防治，主要选择药剂有50%抗蚜威可湿性粉剂3 000~5 000倍液、40%氧化乐果乳油1 500~2 000倍液等。

（2）农业防治　清除田间地边杂草，消灭蚜虫滋生地。

（3）生物防治　合理选用药剂，保护天敌，利用天敌控制蚜虫种群。

（六）地老虎

1. 形态特征

小地老虎老熟幼虫黄褐色或黑褐色，体表粗糙，具大量颗粒，中央有淡褐色纵带2条；黄地老虎幼虫黄褐色，具光泽，体表颗粒不明显；大地老虎幼虫黄褐色，多皱纹，体表颗粒不明显。

地老虎

2. 发生特点

地老虎在我国广泛发生，以幼虫危害多种作物嫩叶或嫩茎，属杂食性害虫。小地老虎1年发生多代，在南方越冬；黄地老虎1年多代，以老熟幼虫在土壤中越冬；大地老虎1年1代，以低龄幼虫在土壤中越冬。

3. 防治方法

（1）化学防治　用50%辛硫磷乳油按种子重量的0.3%拌种，或按1:200的比例拌细土，每公顷撒施500千克药土。

（2）农业防治　适时晚播，避开害虫危害高峰；种植芝麻以诱集地老虎成虫产卵，然后灭卵。

（七）蛴螬

1. 形态特征

蛴螬是金龟甲幼虫的统称。华北大黑金龟甲的幼虫体肥大，常弯曲成"C"形，长 25～45 毫米，表皮多皱纹，虫体白色或淡黄色，上被细毛。

2. 发生特点

华北大黑金龟甲主要分布在我国华北地区，危害多种作物幼苗，造成生产损失。以幼虫在土壤中越冬。

3. 防治方法

（1）清除杂草　应及早进行翻耕、翻晒，清除田边杂草，以减少土壤中的幼虫和蛹。

（2）捕捉幼虫　每天清晨，在浇水、补苗前，注意拨开被害株周围表土寻捕幼虫。

（3）毒土防治　每亩用辛硫磷颗粒剂 800 克拌干细土 125～175 千克，在傍晚顺垄撒施，使幼苗周围形成一条保护带。

（4）毒饵防治　用 90% 敌百虫晶体 0.5 千克加水 2.5～5 千克喷在 50 千克碾碎炒香的棉子饼、豆饼或麦麸料上，将毒饵撒于幼苗根际周围。

（5）化学防治　用 80% 敌百虫 800 倍液对地面喷雾（每亩用药液 75～100 千克）或 80% 敌百虫可湿性粉剂 1 000～1 500 倍液浇灌幼苗（每株用药液 250～300 毫升）。

复习思考题

1. 水稻二化螟和三化螟危害各有什么特点？

2. 小麦纹枯病的发病情况是怎样的，什么时候是防治适期？

3. 如何有效防治玉米粗缩病？

第三章　蔬菜病虫害诊断与防治

【知识目标】

　　明确蔬菜常见病虫害的发病原因，区分不同病害的症状、不同虫害的危害状。

【技能目标】

　　能根据病虫害种类进行综合防治。

第一节　番茄常见病虫害诊断与防治

一、常见病害

（一）番茄早疫病

1. 发病症状

番茄早疫病是一种高等真菌病害，主要危害茎、花、果。一般发生在结果期。叶片主要是从老叶开始发病，发病初期形成如同针尖大小的黑点，后期发展为黑褐色轮纹斑。茎秆受害多发生在分杈处，产生褐色至深褐色不规则圆形或椭圆形病斑，稍凹陷，表面生黑色霉层。青果染病始于花萼附近，

番茄早疫病

同样会在果皮表面形成黑褐色轮纹。肥料不足、相对湿度较大、15~23℃利于此病的发生。

2. 防治方法

（1）农业防治　清洁田园和实行轮作；合理密植，加强肥水管理。

（2）化学防治　三是用苯醚甲环唑或 70% 甲基托布津 10 克，每隔 7 天喷 1 次，连喷 2~3 次。

（二）番茄晚疫病

1. 发病症状

番茄晚疫病是一种低等真菌病害。主要危害叶片、茎秆、果实。幼苗期发病，主要是从叶片的脉开始蔓延，接近叶柄处黑褐色腐烂，全株萎蔫，严重时全株死掉。叶片发病多从中下部叶片的叶尖中缘部开始，首先呈现暗绿色水渍状不规则

番茄早疫病

病斑，然后病斑迅速扩大并变为褐色，叶背面病健交界处生白霉。茎上病斑呈黑褐色腐烂状。果实发病多在青果期，表面开始呈灰绿色油浸状硬斑，逐渐变为黑褐色或棕褐色。病斑稍凹陷，呈不规则云纹状。果实初期一般不变软，呈硬黑褐色，湿度大时长出少量白霉，变软腐烂。该病属低温高湿性病害，白天温度 20～25℃、夜间温度 10℃ 以上、相对湿度在 75% 以上，低温、阴雨、湿度大、早晨或夜晚多雾、过度密植、通风不良、重茬、偏施氮肥，均会促使病害发生。

2. 防治方法

（1）农业防治 清洁田园；与非茄科类实行 3 年以上的轮作；合理密植，注意打杈，改善通透性。

（2）化学防治 每亩用满分 6 克，或拔萃、贵冠双联袋 20 克，或烯酰吗啉锰锌 20 克进行防治；严重时用超赞 10 克进行防治。

（三）番茄灰霉病

1. 发病症状

番茄灰霉病

该病可危害番茄的叶、茎、花、果，主要危害青果。叶片发病，多从叶尖部开始，病斑呈 "V" 字形，初呈水渍状，后为黄褐色，边缘不规则，深浅相间，表面生少量灰白色霉层，严重时干枯。茎部多发生在分杈处或基部，有水渍状斑点或淡褐色大斑，严重时环绕一周，病枝易折断。花主要是在柱头或花瓣处染病，呈水渍状，湿度大时，产生灰白色霉层，腐烂脱落。果实染病，从花处传播，向果实、果柄扩展，果皮呈灰白色，并生有厚厚的灰色霉层，呈水渍褪绿色，扩大至全果腐烂。病菌在 2～31℃ 都可侵染，最适宜温度为 20～23℃，相对湿度 90% 以上易发此病。

2. 防治方法

（1）农业防治 加强通风管理，降低湿度；健身栽培，施足底肥，中后期冲施肥料。

（2）化学防治 每亩用灰洒或灰别 20 克、瀚生品高 20 克、灰劲特 10 克进行防治，每隔 7 天喷 1 次，连用 2～3 次。

注意：瀚生品高、灰劲特等嘧霉胺类产品温度超过 30℃ 时慎用。

（四）番茄叶霉病

1. 发病症状

该病主要危害叶片，严重的时候危害茎、花、果实。叶片初期正面呈黄绿色，病斑边缘不明显，背面呈褪绿色，会形成灰色或黑色霉层，严重时，叶片干枯卷曲。嫩茎、果柄处可产生相似的病斑，花器易脱落。果实发病，果蒂附近和果面形成黑色圆形或不规则斑块，硬化凹陷。番茄叶霉病是一种高温高湿性病害，发病最适

番茄叶霉病

宜温度为 20～25℃，相对湿度 90% 以上。主要在开花结果期发病。

2. 防治方法

（1）农业防治　实行轮作、深翻改土，增施有机肥料，磷、钾肥和微肥；清除病苗。

（2）化学防治　每亩用品星 2 毫升 + 雅致 20 克或百倍 10 克 + 雅致 20 克进行防治。

（五）番茄青枯病

1. 发病症状

该病主要是由青枯假单胞杆菌侵染引起，多在番茄的开花期间发生。表现症状为病株中午前后萎蔫，傍晚至天明叶片恢复正常，最后整株枯死，茎叶仍保持绿色。病茎维管束变黑褐色，髓部变褐腐烂，用手挤压有乳白色细菌黏液溢出（区别于枯萎病）。病菌生长发育温度为 10～41℃，最适温度 30～37℃。当土壤温度在 20℃以上时，病菌开始活动，25℃时活动最盛。

番茄青枯病

2. 防治方法

（1）物理防治　用石灰调节土壤酸碱度；用乙酸铜处理土壤（禁止喷雾）。

（2）化学防治　发病初期用世泰 30 克 + 乙酸铜 50 克灌根，同时叶面喷施磷酸二氢钾溶液。每 10 天灌 1 次，共灌 2～3 次。

二、常见虫害

（一）根结线虫

1. 危害特点

番茄根结线虫病

主要侵染番茄根部，尤其是侧根受害多。根上形成球形瘤状物，似念珠状相互连接，初表面白色，后变褐色或黑色，地上部出现萎缩或黄化，天气干燥症状明显。病株矮小，结果小而少。中午时候呈萎蔫状，早晚浇水恢复正常，逐渐枯死。番茄根结线虫多在 5 ~ 30 厘米土层内生存，以成虫或卵在病部组织里，或以幼虫在土壤中越冬，翌年幼虫或冬卵孵化的幼虫由根部侵入植株。25 ~ 30℃、土壤含水量在 40% 左右时适宜其生存。主要通过病土、病苗、浇水传播。

2. 防治方法

（1）拌土或喷穴　在播种、移栽或育苗时，每亩用 16% 虫线清 1 000 毫升，均匀拌于 20 ~ 30 千克沙土或其他载体中沟施（穴施），或稀释后每株用 50 ~ 100 毫升药液灌穴。

（2）灌根　在作物生长期，每亩用滕冠 1 500 毫升稀释后注穴灌根。

（二）番茄棉铃虫和烟青虫

棉铃虫和烟青虫同属鳞翅目夜蛾科。

1. 危害特点

棉铃虫以幼虫蛀食番茄的花蕾、花器、果实，也钻蛀茎，并且危害嫩茎、叶和芽。蕾受害后苞叶张开，变成黄绿色，2 ~ 5 天脱落。幼果常被吃空致腐烂脱落，成果多被钻孔，易腐烂。棉铃虫是一种喜

番茄棉铃虫

温喜湿害虫，成虫产卵适温在 23℃以上，相对湿度 75%～90%。烟青虫发生较棉铃虫迟，产卵分散，前期多产在中上部叶片正背面叶脉处，后期产在萼片和果上。幼虫白天潜伏，夜间活动危害。

2. 防治方法

虫害发展前期或产卵期，每亩喷施猛拳 20 毫升，或主力 30 毫升，或园喜 15 毫升。

（三）番茄白粉虱

1. 危害特点

白粉虱成虫群居在番茄叶片背面，风吹或触动叶片后成群飞舞。若虫伏在叶背上不动，吸食叶片汁液，使叶片褪色变黄、萎蔫，造成下部叶片枯死。白粉虱在番茄上部叶片产卵，随后卵孵化成幼虫，再加上成虫和幼虫分泌大量的蜜露，能使整个叶背被覆盖，造成叶片和果实的煤污病，影响呼吸作用和光合作用，并使果实的品质下降。

番茄白粉虱

2. 防治方法

第一次喷火眼 15 毫升，间隔 7 天再喷火眼 20 毫升，再间隔 20 天喷火眼 20 毫升，白粉虱一季全无。

（四）斑潜蝇

1. 危害特点

主要以幼虫钻蛀叶肉组织，在叶片上形成由细变宽的蛇行弯曲隧道，多为白色，后期为铁锈色，白色隧道内交替排列黑色线状粪便。严重时叶片干枯。成虫产卵和取食还刺破叶片表皮，形成白色坏死产卵点和取食点，严重影响光合作用，大量蒸发水分，致叶片坏死。

番茄斑潜蝇

2. 防治方法

每亩用 70% 灭蝇胺 +0.5% 阿维菌素双连袋 15 克进行防治。

第二节　辣椒常见病虫害诊断与防治

当前辣椒栽培上重茬现象严重，尤其是大型辣椒种植基地，一般种植辣椒少则三五年，多则十几年甚至更久，而且复种指数较高，每年 1 茬或 2～3 茬。多年重茬连作破坏土壤理化性能，使土壤自我调节能力减弱，造成土传病害发生严重，影响种植者收益。

一、常见病害

（一）辣椒猝倒病

1. 发病症状

该病属于苗期常见病害，轻者造成幼苗成片倒伏，重者造成育苗失败。秧苗出土后、真叶尚未展开前，遭病菌侵染，茎基部出现水渍暗斑，继而绕茎扩展，逐渐缢缩呈细线状，秧苗地上部因失去支撑能力而倒伏。苗床管理不善，低温、高湿、弱光发病重。

辣椒猝倒病

2. 防治方法

（1）土壤处理　　选择地势较高、排水良好的地块作苗床，每立方米营养土中加入地旺或重茬灵 500 克，进行土壤消毒。

（2）加强管理　　加强苗床管理，做好保温工作，适当通风换气，不要在阴雨天浇水，保持苗床不干不湿。

（3）化学防治　　若苗床已发现少数病苗，及时用甲霜灵锰锌可湿性粉剂 + 羟烯腺·烯腺 0.000 1% 可湿性粉剂（细胞分裂素）500 倍液或 60% 丙森霜脲氰可湿性粉剂 600 倍液喷洒。若苗床湿度较大，选晴天上午无露水时向苗床筛药土（用 30% 多福可湿性粉剂 20 克掺细干土 15 千克配成），效果较好。

（二）辣椒疫病

1. 发病症状

幼苗发病，茎基部呈水浸状软腐而造成倒伏，病斑呈暗绿色；叶片发病，叶面上多出现圆形水浸状的暗绿色斑点，随着病斑扩大，引起软腐、落叶；茎、枝发病，呈水浸状的暗绿色，并逐渐软化，从发病部位以上叶、枝开始萎蔫、折倒，最后枯死；果实受害，一般从蒂部开始，初为水浸状，与健部界限明显，后迅速扩大，全果腐烂，但不变形，干后挂枝上不脱落，潮湿时可长出白色霉状物；地下部的胚轴或接近地表的茎部染病，发病部位呈暗绿色水浸状并向皮层部发展，引起整个植株萎蔫、青枯；根部染病时，表现出所谓的根腐症状，发病初期茎或胚轴处并无症状，最后萎蔫、青枯。

辣椒疫病

2. 发病规律

由辣椒疫霉菌侵染所致。病菌寄主范围广泛，除寄生于茄科、葫芦科作物外，在胡萝卜、芜菁、菜豆、豌豆、苹果、桃、梨、柿树上均有发现。病原菌随病残体在土壤和粪肥中越冬，也可附着在种子上越冬，通过土壤和地表流水、雨水以及生物媒介等传染。高温高湿发病严重；多雨高湿，通风不当，容易发病流行；重茬地、田间积水及大水漫灌，都会加重病害。

3. 防治方法

（1）农业防治　不要与茄科类作物连作；加强苗床管理，注意通风透光，防止湿度过大；控制氮肥用量，增施磷、钾肥。

（2）物理防治　用1%硫酸铜或0.1%高锰酸钾溶液浸种20分后，再用清水洗净，催芽播种。

（3）化学防治　发病初期可喷64%杀毒矾 M8 可湿性粉剂 500 倍液，或 25%甲霜灵 600～800 倍液，或 75%代森锰锌 500 倍液，或 90%乙膦铝 500 倍液。

（三）辣椒炭疽病

1. 发病症状

炭疽病有黑色炭疽病、黑点炭疽病和红色炭疽病三种。黑色炭疽病单独侵染时，叶片上的病斑初期为褪绿水渍状，以后扩大呈不规则形，病斑边缘褐色，中央为白色，斑面上产生排列不规则的同心轮纹，有黑色小点，发病严重时，引起大量落叶。果实受害，病斑褐色水浸状，中央稍凹陷，呈长圆形或不规则形，出现黑色小点，排列成环状轮纹，干燥时，病斑常干缩似羊皮纸，易破裂。黑点炭疽病与黑色炭疽病症状相似，不同的是病斑上产生较大深黑色丛毛状黑点，雨水多或环境湿度大时，从黑点处能溢出黏质物。红色炭疽病不危害叶片，只危害果实。病斑圆形，黄褐色，水浸状，凹陷，斑上着生红色点，呈不规则同心环状排列，潮湿条件下，病斑表面溢出淡红色黏质物。

2. 发病规律

病菌在病残体及种子表面越冬，翌年借助风、雨、昆虫传播。辣椒苗床密度过大、管理不善、高温高湿造成辣椒徒长，易发病流行。大田久旱，突然降雨，随之转晴，更易造成病害流行。

3. 防治方法

（1）物理防治　播前用55℃的温水浸种10分，冷却后，再用1%的硫酸铜溶液浸种5分，捞出，用清水冲净药液播种或催芽后再播种。

（2）农业防治　增施磷钾肥，合理密植，保持田间通风透光条件；进行高垄栽植，降低田间湿度，及时摘除日灼果和病果。

（3）化学防治　发病初期用75%百菌清600倍液喷药防治；发病较重时，可用10%苯醚甲环唑水分散粒剂

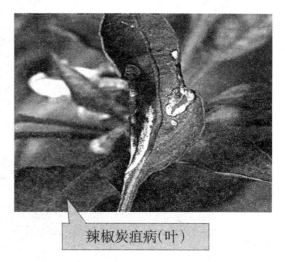

辣椒炭疽病（叶）

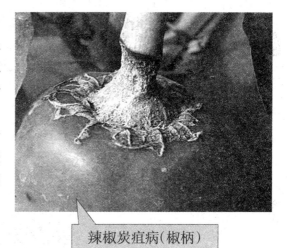

辣椒炭疽病（椒柄）

1 000～1 500倍液，或50%多菌灵600倍液，或70%甲基托布津可湿性粉剂1 000倍液，每隔7天喷1次，连喷2～3次。

（四）辣椒枯萎病

1. 发病症状

多发生在苗期或开花坐果期。发病初，叶片半边枯黄，半边绿色，中午萎蔫，晚上恢复，持续2～3天，即青枯死亡。染病株很容易拔起，根部侧根很少，折断茎秆可见维管束变褐。

2. 发病规律

病菌可在病残体及土壤中长期存活，也可附着在种子上越冬，通过土壤、雨

水、灌溉传播。高温、高湿、大水漫灌容易发病和流行。

辣椒枯萎病

3. 防治方法

（1）农业防治　与非茄科作物实行6年以上的轮作；清除并烧毁田间病残体，减少越冬病原菌。

（2）物理防治　播种前种子用100毫克/千克农抗120浸种6小时，然后催芽播种；床土铺好后，用70%甲基托布津1 000倍液喷洒床面，用塑料膜覆盖2～3天，揭膜后2天播种。

（3）化学防治　四是发现有病株，用70%甲基托布津配成1∶50的药土，每亩用量为1～1.5千克，于定植时施于定植穴，或在发病初期用农抗120水剂500倍液，或70%甲基托布津500倍液灌根，每穴灌药量0.15～0.2千克。

（五）辣椒白绢病

1. 发病症状

该病主要危害茎基部。染病后，茎基部表皮腐烂，初呈水渍状暗褐色，以后病部凹陷，长出致密的银白色菌丝，呈辐射状。病斑向四周扩展，延至一圈后，便引起叶片凋萎，整株枯死，病部后期可见茶褐色油菜子状的菌核。

辣椒白绢病

2. 发病规律

病原菌主要靠菌核及病残组织中的菌丝体在土壤中越冬，翌年侵染辣椒；也能通过雨水及中耕等作业传播，从寄主根部或茎基部或借伤口侵入到组织内。

3. 防治方法

（1）农业防治　辣椒收获后进行深翻，将病残组织翻到土壤下层，对病原菌具有良好的抑制作用。

（2）物理防治　在田间发现病株应及早拔除，进行烧毁或深埋，病穴喷灌50%代森铵400倍液。

（3）化学防治　发病初期，用40%五氯硝基苯粉剂1 000倍液，或15%三唑酮粉剂1 000倍液浇灌辣椒茎基部，每穴浇药液约250克。如果病情严重，半月后再浇灌一次。

（六）辣椒软腐病

1. 发病症状

该病主要危害辣椒果实，病部先呈水浸状，暗绿色，逐渐转变为暗褐色，随后果实全部腐烂发臭。病果脱落或挂在枝上，空气干燥时，干枯后呈白色。

2. 发病规律

病菌随病残体在土壤中越冬，通过雨水、灌溉、昆虫传播，从伤口入侵。高温高湿、重茬地、种植过密，病害容易发生流行。

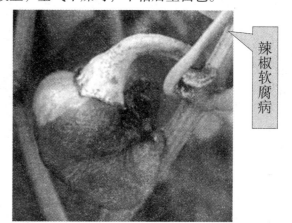

辣椒软腐病

3. 防治方法

（1）农业防治　避免与茄科、十字花科作物连作；深翻土地，合理密植，适量施用氮肥；大棚、温室要勤通风，降低湿度；及时清除病果，并烧毁或深埋。

（2）化学防治　可选用250毫克/千克农用链霉素，或100毫克/千克新植霉素，在发病初期，7～10天喷1次，连喷2～3次。

（七）辣椒青枯病

1. 发病症状

植株染病后，幼叶叶脉变褐，全株呈黄绿色，白天萎蔫，晚上恢复，5～7天后青枯死亡；病茎呈水浸状斑块，维管束变褐，用手挤压时，有乳白色黏液渗出。

辣椒青枯病

2. 发病规律

病原菌随病残体在土壤中越冬。借雨水、浇地传播，由根部或茎基部的伤口侵入。高温高湿有利于发病。

3. **防治方法**

（1）农业防治　避免与茄科作物连作；采用营养钵育苗，加强苗床通风，培育壮苗；半高垄栽植，田间中耕锄草忌伤根；大棚、温室浇水要早晚温度低时进行，严禁大水漫灌，注意加强通风排湿管理。

（2）化学防治　发病初期，及时拔除病株并集中深埋或烧毁，病穴用农抗120水剂500倍液，或300毫克/千克农用链霉素，或20%石灰水灌注，每穴灌0.2～0.4千克。

（八）辣椒病毒病

辣椒病毒病

1. **发病症状**

该病主要危害辣椒叶片、枝茎和果实，叶片受害后，产生黄绿相间的花纹或带有黄褐色的环圈；有些叶片深浅相间并有突起泡斑，叶片收缩，叶缘上卷。枝茎受害，植株生长矮小，节间变短，中上部分枝多，呈丛生状。果实表现早期落花、落果，果实膨大慢，果面上绿色深浅相间，呈花斑状。

2. **防治方法**

（1）农业防治　先用清水将种子浸3～4小时，再放入10%磷酸三钠溶液中浸30分钟，捞出后冲洗干净再浸种、催芽。

（2）化学防治　提早彻底防治蚜虫、粉虱，把蚜虫消灭在点片阶段，选用25%吡虫啉可湿性粉剂或欣惠康1 500倍液，也可用抗蚜丁1 000倍液、定击1 500倍液等药剂喷施，均可有效防治传毒媒介；发病初期喷病毒灵或病毒A等病毒钝化剂。

二、常见虫害

（一）蚜虫、蓟马

辣椒蚜虫（本图不具代表性）

1. **危害症状**

群集在叶片嫩茎、花蕾等处吸食汁液，使叶片卷缩、发黄，同时还传播病毒病。

2. 防治方法

（1）农业防治　清除田间杂草。菜地四周铺0.5米宽的银灰色塑料膜，苗床上挂银灰膜避蚜。

（2）化学防治　可选用10%吡虫啉可湿性粉剂，或定击1 000～1 500倍液，或欣惠康1 000倍液等喷雾防治。

（二）茶黄螨

1. 危害症状

幼螨吸食未展开的叶、芽和花蕾等柔嫩部位的汁液。受害后叶片僵直增厚，叶背黄褐色油渍状，叶缘反卷。幼茎扭曲或秃尖、花蕾畸形。

2. 防治方法

化学防治　用虫螨克星3 000倍液，或2%阿维菌素乳油或者悬击3 000～4 000倍液，每7～10天喷施1次，重点喷叶背、嫩茎、花蕾和幼果等部位。

辣椒茶黄螨(本图不具代表性)

（三）烟青虫、斜纹夜蛾（黑头虫）

1. 危害症状

以幼虫蛀食辣椒的花蕾、果实、叶和芽，果实被蛀引起腐烂而大量落果。

2. 防治方法

（1）物理防治　及时摘除被蛀食的果实，以免幼虫转果危害。

（2）化学防治　在害虫发生初期，可选用20%除虫脲悬浮剂1 500～3 000倍液，杀蛾妙1 500倍液或抗蛾斯1 000倍液喷雾防治。在害虫发生量大时，可用定康1包对15千克水，或用威克达1 500倍液喷雾防治，对大龄幼虫有很好的防治效果。

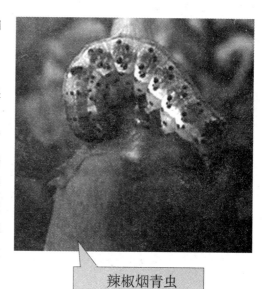
辣椒烟青虫

第三节　黄瓜常见病虫害诊断与防治

一、常见病害

(一) 黄瓜霜霉病

1. 发病症状

苗期、成株期均可发病，主要危害叶片。子叶被害初呈淡绿色黄斑，扩大后变黄褐色。真叶叶缘或背面出现水浸状病斑，在湿度大的早晨尤为明显，病斑逐渐扩大，受叶脉限制而呈多角形淡褐色或黄褐色斑块，湿度大时，叶背面长出灰黑色霉层，后期病斑破裂或连片，致叶缘卷缩干枯，严重的田块一片枯黄。该病发展较快，若不注意防治，2～3天可使全棚染病，故又名叫"跑马干"。

2. 发病规律

对于一株黄瓜，该病是逐渐向上扩展的。此外，在适宜发病的温度、湿度条件下，强光可促进发病，如采用聚乙烯无滴膜较聚氯乙烯无滴膜发病早且发病严重。

3. 防治方法

(1) 农业防治　选用抗病品种；改进栽培技术，如地膜覆盖并采用膜下暗灌，结瓜前控制浇水；遇阴雨天，更要注意通风。

黄瓜霜霉病

(2) 化学防治　播种时要做到带药播种，出苗后就开始坚持每7～8天定期喷雾一次，药物可用保护性杀菌剂75%百菌清可湿性粉剂500倍液，或乙膦铝可湿性粉剂400倍液。发病后可用53%金雷多米尔600～700倍液，或25%嘧菌酯1 500～2 000倍液，也可用乙膦铝可湿性粉剂200～300倍液，或64%杀毒矾600倍液，或72.2%扑力克水剂800倍液喷施，阴雨天可用45%百菌清烟雾剂[500克/(亩·次)]，或百菌清粉尘剂。此外，在生长期间可喷0.3%的尿素、0.3%的白糖、0.2%的食醋混合液，既可防病，又助生长。

(二) 黄瓜细菌性角斑病

1. 发病症状

该病主要危害叶片，也能危害茎及果实，苗期至成株期均可受害。子叶染病，初呈水浸状近圆形凹陷斑，后微带黄褐色。真叶染病，初为鲜绿水浸状斑，渐渐变为淡褐色，病斑扩大后受叶脉限制而呈多角形或四方形，灰褐色或黄褐色，湿度大时叶背溢有乳白色浑浊水珠状菌脓，干后白色发亮，后期病部质脆易穿孔，有别于霜霉病。

2. 发病规律

该病由细菌引起，发病温度为10～30℃，高温条件（相对湿度大于70%）有利于发病，25～27℃病原细菌繁殖速度快。但在低温条件下，湿度越大，发病越严重。另外，秧苗徒长，密度过大，浇水过多，磷、钾肥不足，都会引起发病。

3. 防治方法

除选用抗病品种和栽培技术防病外，发病初期可喷50%甲霜铜可湿性粉剂600倍液，或77%氢氧化铜粉剂400倍液，或0.025%硫酸链霉素，或0.04%农用链霉素进行防治。

黄瓜细菌性角斑病

（三）黄瓜炭疽病

1. 发病症状

从苗期到成株期均可发病，而以中、后期发病较严重，主要危害叶片，开始在叶片上出现红褐色、圆形小斑点，逐渐扩大后形成圆形病斑，直径4～18毫米，病斑红褐色，外有一圈黄纹。叶片上病斑多时，往往互相汇合形成不规则形的大病斑，使叶片干枯，干燥时病斑中部破裂穿孔，潮湿时病斑上长出红色黏性物。茎受害时，病斑呈长圆形凹陷，初呈水浸状，后变为黄褐色。

2. 发病规律

空气相对湿度大于60%，温度为8～30℃时可引起发病，发病适温为24℃，湿度越大越利于发病。连作、氮肥过多、大水浸灌、通风不良、植株衰弱则发病严重。

3. 防治方法

选用抗病品种，与非瓜类作物实行3年以上的轮作；加强栽培管理，增施磷、钾肥，加强通风，定期喷药。

黄瓜炭疽病

发病后可用10%苯醚甲环唑水分散粒剂1 000～1 500倍液，连喷2～3次。

（四）黄瓜枯萎病

1. 发病症状

苗期发病，幼茎部变褐缢缩，萎蔫猝倒而死。成株发病，叶片中午萎蔫，似缺水状，开始早晚尚能恢复，几天后便不能再恢复而枯死。病株主蔓基部纵裂，纵切病茎，可见维管束变褐。茎基部、节和节间出现黄褐色条斑，常有黄色胶状物流出，潮湿时病部表面产生白色至粉红色霉层。病株易被拔起。

2. 发病条件

该病是由土传性病原真菌引起的病害，以温度24～25℃，空气相对湿度90%以上时，发病较快。

3. 防治方法

（1）农业防治　避免重茬，或采用黑子南瓜做砧木进行嫁接栽种；栽培管理上，要施用充分腐熟的肥料，减少伤口，浇水时注意小水勤灌，避免大水漫灌，适当多中耕，提高土壤透气性，促使根系健壮，增强抗病能力。

（2）物理防治　用50%多菌灵或甲基托布津1.2千克与25千克细土掺匀撒在定植穴内，灌小水，或用10%双效灵200倍液灌根，也可以用500倍多菌灵可湿性粉剂浸泡种子1小时或用福尔马林150倍液浸种1小时后播种。

黄瓜枯萎病

（3）化学防治　发病后，10%双效灵水剂200倍液，或50%甲基托布津可湿性粉剂400倍液喷施，或用12.5%增效多菌灵可溶性粉剂200～300倍液，每株100毫升灌根，7～10天后再灌一次。

（五）黄瓜灰霉病

1. 发病症状

主要危害幼瓜、叶、茎。病菌首先侵染开败的花，致花瓣腐烂，并长出淡灰褐色霉层，进而向幼瓜扩展，致脐部呈水浸状，使幼瓜迅速变软，萎缩腐烂，病菌部密生灰色的霉层。病花落在叶片上，引起叶片发病，形成直径20～50毫米的大型枯斑，近圆形或不规则形，边缘明显，表面着生少量灰霉，茎部受害，引起局部腐烂，严重时茎则折断，整株枯死。

2. 发病条件

发病温度为 4~32℃，适温为 18~23℃，空气相对湿度超过 70% 时即可引起发病，而以 90% 以上发病最快。此外，密度大、浇水多、通风不良时发病严重。

3. 防治方法

（1）农业防治　采用滴灌或控制灌水，加强通风；及时摘除病花、病叶、病果及黄叶，改善通风透光条件。

（2）化学防治　发病后可用 50% 腐霉利 1 000~1 500 倍液，或 50% 异菌脲可湿性粉剂 1 000~1 500 倍液，或噻霉胺 1 500 倍液，7~10 天 1 次，连喷 2~3 次。阴雨天可用 10% 速克灵烟雾剂（每亩每次 500 克），或 10% 灭克粉尘剂（每亩每次 1 000 克）进行防治。

黄瓜灰霉病

（六）黄瓜白粉病

1. 发病症状

苗期到成株期均可发病，叶片发病重，叶柄、茎次之，果实发病少。发病初期，叶面或叶背及茎上产生白色近圆形星状小粉斑，以叶面居多，后向四周扩展，呈边缘不明显的连片白粉，严重时整个叶面布满白粉。发病后期，病斑变为灰色，病叶黄枯。

2. 发病条件

由气传性真菌或病菌引起，在 14~30℃、空气相对湿度超过 60% 时即可发病，但以 16~24℃、相对湿度 75% 时发病最快。此外管理粗放、施肥浇水不当、氮肥过多、光照不足、苗徒长、通风不良时发病较重。

3. 防治方法

除栽培上要注意选用抗病品种、加强管理外，田间发病可用粉必清 800 倍液或 50% 硫黄悬浮剂 250~300 倍液进行防治，严重时，可用咪鲜胺锰盐

黄瓜白粉病

1 500倍液喷洒。发病初期，可用27%高脂膜乳剂进行防治。

二、常见虫害

（一）蚜虫

1. 危害症状

群居叶背面、茎或茎端吸食汁液，分泌蜜露，造成叶片卷曲，生长受抑制，以致叶片枯黄而死，干旱时发生多，是病毒病传染的主要媒介，危害较为严重。

2. 防治方法

可用2.5%溴氰菊酯乳油3 000倍液，或40%菊马乳油3 000倍液喷雾防治；也可用22%敌敌畏烟雾剂0.5千克熏烟，每7~10天1次。

（二）红蜘蛛

1. 危害症状

多在叶背面吸食汁液，严重时叶面出现许多细小白点，叶片发黄，生长受抑，影响正常结瓜。

2. 防治方法

用40%三氯杀螨醇乳油1 000~1 500倍液、20%螨死净可湿性粉剂2 000倍液、15%哒螨灵乳油2 000倍液喷洒均可达到理想效果。

（三）白粉虱

1. 危害症状

群居叶背面吸食汁液，分泌蜜露落在叶面上，污染叶片，影响光合作用。

2. 防治方法

2.5%联苯菊酯乳油（天王星）1 500~2 000倍液、吡虫啉2 000~3 000倍液、2.5%溴氰菊酯1 000~1 500倍液、20%甲氰菊酯乳油2 000倍液、90%灭多威可湿性粉剂2 000~2 500倍液都有较好的防治效果。连阴天及多雨季节，白粉虱虫口基数大时可选用烟熏剂进行防治，可用药剂有死虱狂烟剂、蚜虫清烟剂，用量均为每亩200克。

第四节　温室西葫芦常见病虫害诊断与防治

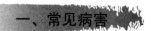

一、常见病害

（一）白粉病

1. 发病症状

发病初期在叶面或叶背及幼茎上产生近圆形小粉斑，叶正面多，以后向四周扩展成边缘不明晰的连片白粉，严重的整个叶片布满白粉。发病后期，白色的菌斑上生出成堆的、黄褐色小粒点，随后小粒点变黑。

2. 防治方法

（1）注意田间通风透光，保持田间清洁，发病初期及时摘病叶、老叶；禁止大水漫灌。

（2）可用40%多·硫悬浮剂800倍液，于发病前期和发病初期在中午前均匀喷雾，每隔5~7天喷1次，连喷2~3次。

（二）霜霉病

1. 发病症状

霜霉病是瓜类作物普遍发生而危害严重的病害，常在叶片上发病。苗期发病时，开始褪绿变黄，最后枯死。成株叶片发病，初期呈水浸状黄色小斑点，后发展成多角形，后期病斑边缘黄绿色，干枯时易破。在高湿条件下，病斑背面长出灰黑色霉层。严重时病斑连片，全叶黄褐色枯萎。

西葫芦霜霉病

2. 防治方法

（1）农业防治　选用抗病品种，如"青丰"西葫芦。通过栽培措施提高温度，降低湿度，控制发病。

（2）物理防治　湿度较大时，每次每亩用45%百菌清烟雾剂200~250克，分堆放置，均匀放在保护地内，点燃后闷棚，一般是傍晚开始，翌日早晨结束。这种方法可在发病初期使用。

（3）化学防治　化学防治，可用40%乙膦铝可湿性粉剂200~300倍液、72%

霜脲·锰锌可湿性粉剂 800~1 000 倍液进行喷施，7~10 天喷 1 次，注意交替用药。

（三）病毒病

1. **发病症状**

发病时叶片上有深绿色病斑，重病株上部叶片畸形，呈鸡爪状。植株矮化，叶片变小。后期叶片黄枯或死亡。病株结瓜少或不结瓜，瓜面呈瘤状突起或畸形。

西葫芦病毒病

2. **防治方法**

（1）农业防治　选用抗病性较强的品种，如早青一代、奇山 2 号、潍早 1 号等较耐病品种。

（2）化学防治　定植后，喷施速灭杀丁 2 000 倍液等药剂防治蚜虫，尤其要注意消灭越冬菠菜、芹菜上的蚜虫，以减少病毒侵染来源；发病初期喷洒 20% 病毒 A 可湿性粉剂 500 倍液，隔 10 天喷 1 次，连喷 3 次。

二、常见虫害

（一）白粉虱

1. **危害症状**

白粉虱又名小白蛾，成虫或若虫群居叶背面吸食汁液。成虫有趋嫩性，一般多集中栖息在上部嫩叶，被害叶片干枯。白粉虱分泌蜜露落在叶面及果实表面，诱发煤污病，妨碍叶片光合作用和呼吸作用，以致叶片萎蔫，导致植株枯死。白粉虱还能传播病毒病。

2. **防治方法**

（1）农业防治　育苗前，彻底熏杀育苗温室内的残余虫口，铲除杂草残株，通风口安装纱窗，杜绝虫源迁移，培育无虫苗。

（2）生态防治　利用白粉虱对黄色有强烈趋向性的特点，在白粉虱发生初期将黄板悬挂在温室内，上涂机油，置于行间植株的上方，诱杀成虫。

（3）化学防治　在白粉虱低密度时及早喷药，每周 1 次，连续 3 次。可选用 25% 扑虱灵可湿性粉剂 1 500 倍液等。

（二）潜叶蝇

1. 危害症状

潜叶蝇又名潜蝇。幼虫潜食叶肉呈一条条虫道，被害处仅留上下表皮。虫道内有黑色虫粪。严重时被害叶萎蔫枯死，影响产量。

2. 防治方法

（1）农业防治　采收后，清除植株残体沤肥或烧毁，深耕冬灌，减少越冬虫口基数；农家肥要充分腐熟，以免招引种蝇产卵。

（2）化学防治　产卵盛期和孵化初期是药剂防治适期，应及时喷药。可采用90%敌百虫1 000倍液等。另外，可在成虫盛发期喷洒1%灭虫灵乳油2 000~3 000倍液。

（三）红蜘蛛

1. 危害症状

红蜘蛛成、幼虫群居在叶背上刺吸汁液，被害叶片表面出现黄白色斑点，严重时会使整株叶片枯黄。

2. 防治方法

（1）农业防治　首先要及时清除温室及其周围的杂草和枯枝落叶，减少虫源。

（2）化学防治　药剂防治可用1.8%阿维菌素乳油1 000~2 000倍液，或20%哒螨灵可湿性粉剂1 000倍液，每7~10天喷1次，重点喷嫩叶背面及茎端，连喷3次。

复习思考题

1. 番茄早疫病和晚疫病如何区别？
2. 如何做好综合防治才能确保无公害蔬菜的生产？
3. 如何对白粉虱进行防治？

第四章　果树病虫害诊断与防治

【知识目标】

了解和认知果树病虫害的危害。

【技能目标】

掌握桃、苹果、梨的病虫害防控对策。

第一节　桃树常见病虫害诊断与防治

桃树是常见的果树及观赏花木，果肉清津味甘，是深受广大人民喜爱的水果之一。桃耐旱力强，在平地、山地、沙地均可栽培，而且易管理、易获高产。桃树对病虫害虽有较强的抗性，但在花前果后仍时有发生，危害花蕾幼果，造成落花落果现象，必须及时防治。桃树对药剂颇为敏感，一些渗透性和内吸性强的有机磷药剂和氧化乐果易发生药害，不宜施用。

一、常见病害

（一）桃炭疽病

1. 发病症状

叶斑多始自叶尖或叶缘，半圆形或不定形，红褐色，边缘色较深，病健部分界明晰。果斑近圆形，稍下陷，初淡褐后转黑褐，病斑扩大并结合成斑块，常渗出胶液，终至软腐脱落。潮湿时患部表面出现朱红色小点。

2. 防治方法

（1）农业防治　①加强肥水管理，施用有机肥，增强树势。②结合修剪改善果园通透性，并用45%石硫合剂晶体（按说明书要求施用，下同）全面喷洒，清洁田园，减少菌源。③重病区注意选用抗、耐病高产良种。

（2）化学防治　及早喷药预防，应于春芽萌动前结合修

桃炭疽病

剪清园喷1次预防药（1:2:120式波尔多液），从幼果期开始每隔半个月左右喷洒1次下列药剂：70%代森联600~800倍液、30%代森锰锌悬浮剂600~800倍液、25%咪鲜胺乳油2 500倍液、12.5%腈菌唑2 000倍液，以上药剂可交替施用，连用3~4次。

（二）桃缩叶病

1. 发病症状

主要危害叶片，严重时也可以危害花、幼果和新梢。嫩叶刚伸出时就显现卷曲

状，颜色发红。叶片逐渐开展，卷曲及皱缩的程度随之增加，致全叶呈波纹状凹凸，严重时叶片完全变形。病叶较肥大，叶片厚薄不均，质地松脆，呈淡黄色至红褐色；后期在病叶表面长出一层灰白色粉状物，即病菌的子囊层。病叶最后干枯脱落。新梢下部先长出的叶片受害较严重，长出迟的叶片则受害较轻。

2. 防治方法

在早春桃芽开始膨大但未展开时，喷施45%石硫合剂晶体一次，这样连续喷药2~3年，就可彻底根除桃缩叶病。在发病很严重的果园，由于果园内菌量极多，一次喷药往往不能全歼病菌，可在当年桃树落叶后（11~12月）喷2%~3%硫酸铜一次，以杀灭黏附在冬芽上的大量芽孢子。到翌年早春再喷45%石硫合剂晶体一次，使防治效果更加稳定。早春萌芽期喷用

桃缩叶病

的药剂，除45%石硫合剂外，也可喷用77%氢氧化铜可湿性粉剂或1%的波尔多液。在早春桃发芽前喷药防治，可达到良好的效果。如果错过这个时期，而在展叶后喷药，则不仅不能起到防病的作用，且容易发生药害，必须引起注意。

（三）桃褐腐病

1. 发病症状

危害桃树的花叶、枝梢及果实，其中以果实受害最重。果实危害最初在果面产生褐色圆形病斑，如环境适宜，病斑在数日内便可扩及全果，果肉也随之变褐软腐。随后在病斑表面生出灰褐色绒状霉层，常呈同心轮纹状排列，病果腐烂后易脱落，但不少失水后变成僵果，悬挂枝上长

2. 防治方法

（1）农业防治　结合修剪，同时用45%石硫合剂晶体清园，彻底清除僵果、病枝，集中烧毁，同时进行深翻，将地面病残体深埋地下。

（2）物理防治　如桃象虫、桃食心虫、桃蛀螟、桃蝽等，应及时喷药防治。有条件套袋的果园，可在5月上中旬进行套袋。

（3）化学防治　桃树发芽前喷

桃褐腐病

45%石硫合剂300倍液；落花后10天左右喷洒30%代森锰锌悬浮剂600倍液，或70%代森联600倍液，50%多菌灵1 000倍液。不套袋的果实，在第二次喷药后，间隔10～15天再喷1～2次，果实成熟前一个月左右再喷一次70%品润600倍液。

（四）桃流胶病

1. 发病症状

桃流胶病是当前桃树上普遍发生的病害，而且发病严重。叶片、果实上都可发生流胶现象，以枝干最严重。发病枝干树皮粗糙、龟裂、不易愈合，流出黄褐色透明胶状物。流胶严重时，树势衰弱，并易成为桃红颈天牛的产卵场所而加速桃树死亡。

桃流胶病

造成桃树流胶的原因很多，如遭受病虫危害，施肥不当（缺肥或偏施氮肥）、土质黏重排水不良，夏季修剪过重，定植过深，连作及遭受雹害、旱涝、冻害、日灼、机械损伤等，都会造成桃树的流胶。老弱树发生较重。

2. 防治方法

（1）农业防治　加强综合管理，促进树体正常生长发育，增强树势。

（2）物理防治　流胶严重的枝干秋冬进行刮治，伤口用5～6波美度石硫合剂或硫酸铜100倍液消毒；或用1∶4的碱水涂刷，也有一定的疗效。用生石灰粉防治桃、杏、李等果树发生的流胶病，效果很好，治愈率达100%。具体做法是：将生石灰粉涂抹于流胶处，涂抹后5～7天全部停止流胶，症状消失，不再复发。涂石灰粉的最适期为树液开始流动时（即3月底），此时正是流胶的始发期，发生株数少，流胶范围小，便于防治，可减少树体养分消耗。以后随发现随涂粉防治，阴雨天防治最好，此时树皮流出的胶液黏度大，容易沾上生石灰粉。流胶严重的果树或衰老树用刀刮去干胶和老翘皮，露出嫩皮后，涂粉效果更好。桃树发芽前，树体喷45%石硫合剂，杀灭活动的病菌。

（3）化学防治　3月下旬至4月中旬是侵染性流胶病弹出分生孢子的时期，可结合防治其他病害，喷70%代森联600～800倍液，或30%代森锰锌600～800倍液。5月上旬至6月上旬，8月上旬至9月上旬为侵染性流胶病的两个发病高峰期，在每次高峰期前夕，每隔7～10天喷1次多抗霉素或乙蒜素等，交替喷药2～3次，把病害消灭在萌芽状态。根据病情尽量减少喷药次数。

二、常见虫害

(一) 桃蛀螟

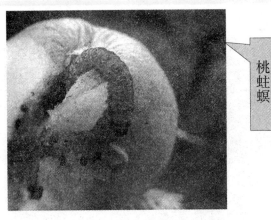

桃蛀螟

1. 危害症状

桃蛀螟又叫桃蠹螟、桃斑螟，是桃树的重要蛀果害虫，除桃树外，还能危害多种果树及玉米、高粱等。以幼虫蛀入果实内取食危害，受害果实内充满虫粪，极易引起裂果和腐烂，严重影响品质和产量。

2. 防治方法

(1) 果实套袋　在桃长到拇指大小、第二次自然落果后进行套袋，防止螟蛾在果面上产卵。

(2) 化学防治　在成虫发生期和产卵盛期，用10%吡虫啉4 000～6 000倍液或20%除虫脲4 000～6 000倍液喷雾防治。

(3) 加强管理　桃园内不可间作玉米、高粱、向日葵等作物，以减少虫源。冬季及时烧毁玉米、高粱、向日葵等作物残株，消灭越冬幼虫。

(二) 桃小食心虫

1. 危害症状

俗称"桃小"，是危害桃树果实的主要害虫。成虫产卵于桃果面上，每果一粒。幼虫孵化后蛀入果内，蛀孔很小。幼虫蛀入果实后，向果心或皮下取食子粒，虫粪留在果内。

2. 防治方法

(1) 农业防治　发现虫果，及时摘除深埋或烧毁。

(2) 化学防治　①在6～7月幼虫出土期，用1.2%烟碱·苦参碱乳油2 000倍液喷洒树根周围的地面，喷后浅锄树盘。②在成虫盛发期，喷洒25%灭幼脲3号悬浮剂3 000～4 000倍液或20%除虫脲4 000～6 000倍液，杀灭卵和初孵幼虫。

桃小食心虫(危害果)

（三）桃蚜

1. 危害症状

危害桃树梢、叶及幼果，严重影响桃树生长结果，并诱发烟煤病。

2. 防治方法

以药剂防治为主，在谢花后桃蚜已发生但还未造成卷叶前及时喷药。药剂可用10%吡虫啉4 000~6 000倍液。由于虫体表面多蜡粉，因此药液中可加入适量中性洗衣粉或洗洁精，以提高药液黏着力。桃树萌芽前可喷洒5波美度石硫合剂，消灭越冬卵。

桃蚜

（四）桑白蚧

1. 危害症状

又名桑盾介壳虫和桃白介壳虫，是桃树的重要害虫。以雌成虫和若虫危害桃树新梢、枝干和果实，使树势严重衰弱，果实产量和品种大减，甚至全树枯死。

2. 防治方法

（1）农业防治 ①结合修剪，冬季及时剪除有虫枝条，集中烧毁。②科学管理，少施氮肥，多施磷、钾肥，种植密度不宜过大。

（2）物理防治 对于发生程度较重的果园，采用人工消灭虫卵的方法。方法是：带厚手套或用刷锅用的钢丝清洗球撸死树干幼虫。此法省时省药，

桑白蚧

防效在 80% 以上。

（3）化学防治　用 20% 蚧死净 800～1 000 倍液喷洒树干，另外防治效果较好的药剂还有杀扑磷、水胺硫磷等，防治效果均在 95% 以上。

（五）桃红颈天牛

1. 危害症状

桃红颈天牛是桃树的重要蛀干害虫，幼虫蛀食桃树枝干皮层和木质部，使树势衰弱，轻者寿命缩短，严重时桃树成片死亡。

2. 防治方法

（1）农业防治　6 月中下旬成虫发生期开展人工捕杀。幼虫危害阶段根据枝上及地面蛀屑和虫粪，找出被害部位后，用铁丝将幼虫刺杀。

（2）物理防治　6 月上旬成虫产卵前，用白涂剂涂刷桃树枝干，防止成虫产卵。白涂剂由生石灰 10 份、硫黄（或石硫合剂渣）1 份、食盐 0.2 份、动物油 0.2 份、水 40 份混合而成。

桃红颈天牛

（3）化学防治　绿色威雷是新型触杀剂，喷于树干上，天牛成虫足踩触时胶囊立即破裂，放出高效农药，黏于天牛足上，进入虫体内杀死成虫，未踩的胶囊完好保存，持效期长达 52 天，在 40 天内杀死成虫 90% 以上。用喷雾器常规喷雾，须稀释 300～400 倍。另外还可喷洒 1% 噻虫啉进行防治。可用注射器往蛀孔注射苯氧威、氯胺磷等药剂进行防治。

第二节　苹果树常见病虫害诊断与防治

一、常见病害

（一）苹果腐烂病

苹果树腐烂病俗称臭皮病、烂皮病、串皮病，是我国苹果产区危害较严重的病害之一。该病主要发生在成龄结果树上，重病果园常常是病疤累累，枝干残缺不全，是对苹果生产威胁很大的毁灭性病害。该病除危害苹果树外，还侵染沙果、海棠等。

1. 发病症状

腐烂病主要危害结果树的枝干，尤其是主干分杈处，幼树和苗木及果实也可受害。该病症状有溃疡型和枝枯型两类，以溃疡型为主。

（1）溃疡型 多发生在主干、主枝上，发病初期病部表面为红褐色，略隆起，呈水渍状，病组织松软，病皮易于剥离，内部组织呈暗红褐色，有酒精味。有时病部流出黄褐色液体。后期病部失水干缩、下陷、硬化，呈黑褐色，边缘开裂。表面产生许多小黑点，此即病菌的子座，内有分生孢子器和子囊壳。雨后或潮湿时，从小黑点顶端涌出黄色细小卷丝状的孢子角，如果病斑绕枝干一周，则引起枝干枯死。

草果腐烂病

该病有潜伏侵染现象，早期病变多在皮层内隐蔽，外表无明显症状，不易识别，若掀开表皮或刮去粗皮，可见形状、大小不一的红褐色湿润斑点或黄褐色干斑。只有在条件适宜时，内部病变才向外扩展，使外部呈现症状。在条件不适宜情况下，病斑停止扩展，病菌只能潜伏在皮层内，而外部无任何症状表现。

（2）枝枯型 多发生在2～4年生的枝条、果台、干枯桩等部位，在衰弱树上发生更明显。病部红褐色，呈水渍状，不规则形，迅速蔓延至整个枝条，终使枝条枯死。后期病部也产生许多小黑点，遇湿时，溢出橘黄色孢子角。

苹果腐烂病菌也能侵害果实，病斑红褐色，圆形或不规则形，有黄褐色与红褐色相间的轮纹，病斑边缘清晰。病组织软腐状，略带酒糟味。病斑在扩展时，中部常较快地形成黑色小粒点，散生或集生，有时略呈轮纹状排列。潮湿时亦可涌出孢子角。

2. 防治方法

以加强栽培管理、增强树势、提高抗病力为主，以搞好果园卫生、铲除潜伏病菌为基础；及时治疗病斑，防止死枝死树成为病菌生存场所；同时结合保护伤口、防止冻害等项措施，进行综合防治。

（1）加强栽培管理，壮树抗病是控制危害的根本 合理施肥、灌水、修剪，合理调节树体负载量，保叶促根。

（2）搞好果园卫生，清除病菌

1）修剪　冬、夏季修剪中，及时清除病死枝，及时刨除病树，剪锯下的病枝条、病死树，及时清除烧毁。剪锯口及其他伤口用煤焦油或油漆封闭，减少病菌侵染途径。

2）喷药　苹果树落叶后和发芽前喷施铲除性药剂可直接杀灭枝干表面及树皮浅层的病菌，对控制病情有明显效果。比较有效的药剂有：石硫合剂、95%精品索利巴尔等。

3）重刮皮　发病重的苹果园，用刮皮刀在主干、骨干枝上进行全面刮皮。把树皮外层刮去 0.5 ~ 1 毫米，一般刮粗皮、老翘皮，但不触及形成层，被刮的树皮呈青一块、黄一块的嵌合状（重刮皮可刺激树体产生愈伤组织）。此法防治效果显著。此法应注意：一是刮皮后不能涂刷药剂，更不能涂刷高浓度的福美胂，以免发生药害，影响愈合。二是过弱树不要刮皮，以免进一步削弱树势；一般树刮前刮后要增施肥水，补充营养，促进新皮层尽早形成。

（3）及时治疗病斑

1）病斑刮治法　这是病斑处理的主要方法。具体做法是，地面铺上塑料布，在病斑周围延出 0.5 厘米用刀割一条深达木质部的保护圈，然后将保护圈内的病皮和健皮彻底刮除，刮掉在塑料布上的病组织集中烧毁。对已暴露的木质部用刀深割 1 ~ 1.5 厘米，最后涂药处理。常用药剂有腐必清可湿性粉剂 10 ~ 20 倍液、5%菌毒清 30 ~ 50 倍液、腐烂敌 20 ~ 30 倍液、腐必清乳剂 2 ~ 3 倍液、843 康复剂原液等。刮治病斑时应注意：一是刮口不要拐急弯，要圆滑；不留毛茬，要光滑，尽量缩小伤口，下端留斜茬，避免积水，有利愈合；二是涂抹保护伤口的药剂既要具有铲除作用和促进愈合的作用，又不易产生药害。

2）病斑敷泥法　就地取黏土，用水和泥，拍成泥饼，敷于病斑及其外围 5 ~ 8 厘米范围，厚 3 ~ 4 厘米，然后用塑料布或牛皮纸扎紧。此法宜在春季进行，翌年春季解除包扎物，清除病残组织后涂以药剂消毒保护。此法用于直径小于 10 厘米的病斑。

3）病斑割治法　用刀先在病斑外围切一道封锁线，然后在病斑上纵向切割成条，刀距 1 厘米左右，深度达到木质层表层，切割后涂药，药剂必须有较强的渗透性或内吸性，能够渗入病组织，并对病菌有强大的杀伤效果。

（4）化学预防　早春树体萌动前，喷布杀菌剂进行保护，药剂有：3 ~ 5 波美度石硫合剂、5%菌毒清水剂 50 倍液等。5 ~ 6 月对树体大枝干涂刷药剂（不可喷雾），可选用40%福美胂可湿性粉剂 50 ~ 100 倍液、5%菌毒清水剂 50 倍液等。连续应用几年，对老病斑的治疗、防止病斑复发、减少病菌侵入，均有明显效果。

（二）苹果干腐病

又称"干腐烂"、"胴腐病"，是苹果树枝干的重要病害之一。

1. 发病症状

主要侵害成株和幼苗的枝干，也可侵染果实。症状类型有3种。

（1）溃疡型　病斑初为不规则的暗紫色或暗褐色斑，表面湿润，常溢出茶色黏液。皮层组织腐烂，不烂到木质部，无酒糟味，病斑失水后干枯凹陷，病健交界处常裂开，病斑表面有纵横裂纹，后期病部出现小黑点，比腐烂病小而密。潮湿时顶端溢出灰白色的孢子团。

（2）枝枯型　多在衰老树的上部枝条发病，病斑最初产生暗褐色或紫褐色的椭圆形斑，上下迅速扩展成凹陷的条斑，可达木质部，造成枝条枯死，病斑上密生小黑点。

（3）果腐型　被害果实初期果面产生黄褐色小病斑，逐渐扩大成深浅相间的褐色同心轮纹。条件适宜时，病斑扩展很快，数天整果即可腐烂，后期成为黑色僵果。

2. 防治方法

（1）加强管理提高树体抗病力　选用健苗，避免深栽，移栽时施足底肥，灌透水，缩短缓苗期。幼树在长途运输时，要尽量不造成伤口和失水干燥。保护树体，做好防冻工作。

（2）彻底刮除病斑　在发病初期，可剪掉变色的病部或刮掉病斑，伤口涂10波美度石硫合剂或70%甲基托布津可湿性粉剂100倍液。

（3）喷药保护　果树发芽前喷3～5波美度石硫合剂、35%轮纹病铲除剂100～200倍液等。发芽盛期前，结合防治轮纹病、炭疽病喷两次1∶2∶200波尔多液，或50%退菌特800倍液、35%轮纹病铲除剂400倍液、50%复方多菌灵800倍液等。

苹果干腐病

（三）苹果轮纹病

俗称粗皮病，各苹果、梨产区均有发生，随着金冠、富士等质优感病品种的推广。苹果轮纹病已成为生产上造成烂果的主要病害，一般果园轮纹烂果病发病率为20%～30%，重者在50%以上，并且在果实贮藏期可继续发病，危害严重。

1. 发病症状

该病危害苹果、梨、桃、李、杏、枣、海棠等的枝干、果实，叶片受害较少。苹果枝干发病，初以皮孔为中心形成扁圆形、红褐色病斑。病斑中间突起呈瘤状，边缘开裂。翌年病斑中央产生小黑点（分生孢子器和子囊壳），边缘裂缝加深、翘起呈马鞍形。以病斑为中心连年向外扩展，形成同心轮纹状大斑，许多病斑相连，使枝干表皮显得十分粗糙，故又称粗皮病。

苹果轮纹病

果实多于近成熟期和贮藏期发病。果实受害，初期以皮孔为中心形成水渍状近圆形褐色斑点，周缘有红褐色晕圈，稍深入果肉，很快形成深浅相间的同心轮纹状，向四周扩大，并有茶褐色的黏液溢出，病部果肉腐烂。后期在表面形成许多黑色小粒点，散生，不突破表皮。烂果多汁，有酸臭味，失水后干缩，变成黑色僵果。

2. 防治方法

防治策略是在加强栽培管理、增强树势、提高树体抗病能力的基础上，采用以铲除越冬病菌、生长期喷药和套袋保护为重点的综合防治措施。

（1）加强栽培管理　新建果园注意选用无病苗木。定植后经常检查，发现病苗、病株要及时淘汰、铲除，以防扩大蔓延。苗圃应设在远离病区的地方，培育无病壮苗。幼树整形修剪时，切忌用病区的枝干作支柱，亦不宜把修剪下来的病枝干堆积于新果区附近。加强肥水管理，合理疏果，严格控制负载量。

（2）铲除越冬菌源　在早春刮除枝干上的病瘤及老翘皮，清除果园的残枝落叶，集中烧毁或深埋。刮除病瘤后要涂药杀菌。常用药剂有50%多菌灵可湿性粉剂50倍液、5%安索菌毒清50倍液。也可用苹腐速克灵3~5倍液直接涂在病瘤上，不用刮除病瘤。在苹果树发芽前喷铲除性药剂，常用药剂有3~5波美度石硫合剂、50%多菌灵可湿性粉剂100倍液、35%轮纹铲除剂100倍液、腐必清50倍液、苹腐速克灵200倍液等。

（3）生长期喷药保护　药剂种类、施用时期和次数，与果实套袋或不套袋有密切关系。

1）不套袋的果实　苹果谢花后立即喷药，每隔15~20天喷药1次，连续喷5~8次。在多雨年份以及晚熟品种上可适当增加喷药次数。可选择下列药剂交替施用：石灰倍量式波尔多液200倍液、80%喷克可湿性粉剂800倍液、40%多锰锌可湿性粉剂600~800倍液、80%大生M-45可湿性粉剂600~800倍液、35%轮纹病铲除剂100~200倍液。还可选用80%山德生、80%普诺、60%拓福、40%博舒、

40%福星、38%粮果丰（多菌灵＋福美双＋三唑酮）、80%超邦生、70%甲基硫菌灵、70%代森锰锌＋50%多菌灵、50%多霉威（多霉清）等。在一般果园，可以建立以波尔多液为主体、交替施用有机杀菌剂的药剂防治体系。实践证明，波尔多液与有机合成杀菌剂交替施用，防治效果较好，病菌不易产生抗药性。但在幼果期（落花后30天内）不宜施用，否则可引发果锈。在果实生长后期（8月底至9月底）禁止喷施波尔多液，提倡将保护性杀菌剂与甲基硫菌灵等内吸性杀菌剂交替轮换使用或混合使用。也可实行侵染后防治，即在果实转入感病状态之前（7月20日前后）施用内吸治疗杀菌剂苯菌灵，每隔15天喷1次，共喷2～3次，据报道防治效果很好。雨季喷药最好加入害立平、助杀、平平加等助剂，以提高药剂的黏着性。

2）套袋果实　防治果实轮纹病关键在于套袋之前用药。谢花后即喷80%喷克或80%大生M-45等，套袋前果园应喷一遍甲基硫菌灵等杀菌剂，待药液干燥后即可套袋。禁止喷施波尔多液，最好不要使用代森锰锌、退菌特等产品，以免污染果面，影响果品外观质量。套袋后应该加强对叶片、枝干病害的防治，如果园中只有部分果实套袋，则不能减少保果药剂。可选用70%甲基硫菌灵，或35%轮纹病铲除剂，或58%多霉威等内吸性杀菌剂。果实脱袋后，如果整个果园保护得好，可不再喷药；如果保护得不好，有大量病原菌存在，则应喷1～2次药，有效药剂有喷克、甲基硫菌灵、大生M-45等。

3）贮藏期防治　田间果实开始发病后，注意摘除病果深埋。果实贮藏运输前，要严格剔除病果以及其他有损伤的果实。健果在仲丁胺溶液中浸3分，或在45%特克多悬浮剂中浸3～5分，或在80%～85%乙膦铝中浸10分，捞出晾干后入库。

（四）苹果褐斑病

苹果褐斑病又称绿缘褐斑病，是引起苹果树早期落叶的最重要病害之一。全国各苹果产区均有发生。危害严重年份常造成苹果树早期大量落叶，削弱树势，对花芽形成和果品产量、质量都有明显影响。

1. 发病症状

主要危害叶片，也可危害果实和叶柄。发病初期叶背出现褐色小点，后扩展为0.5～3.0厘米的褐色大斑，边缘不整齐。后期常因苹果树品种和发病期的不同而演变为3种类型的症状。

（1）同心轮纹型　叶正面病斑圆形，中心为暗褐色，四周黄色，外有绿色晕圈。后期病斑表面产生许多小

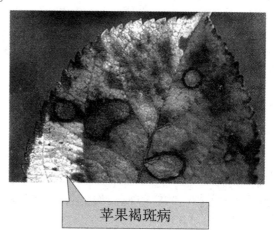

苹果褐斑病

黑点，呈同心轮纹状。背面中央深褐色，四周浅褐色，无明显边缘。

（2）针芒型　病斑小而多，遍布全叶，暗褐色。病斑呈针芒放射状并向外扩展，无固定的形状，边缘不定，暗褐色或深褐色，上散生小黑点。后期病叶变黄，病部周围及背部仍保持绿褐色。

（3）混合型　病斑较大，暗褐色，圆形或不规则形。边缘有针芒状黑色菌素，后期病叶变黄，病斑中央灰白色，边缘保持绿色，其上散生许多小黑点。

3 种类型症状共同特点是叶片发黄，但病斑周围仍保持有绿色晕圈，且病叶易早期脱落。这是苹果褐斑病的重要特征。果实感病后，先出现淡褐色小斑点，逐渐扩大为圆形，褐色，凹陷，表面有黑色小粒点，病部果肉褐色，海绵状干腐。

2. 防治方法

应以化学防治为主，配合清除落叶等农业防治措施。

（1）清除菌源　秋冬季节清除田间落叶，剪除病梢，集中烧毁或翻耕深埋，在果树发芽前结合腐烂病、轮纹病、斑点落叶病的防治，全园喷布 3～5 波美度的石硫合剂，以铲除树体和地面上的菌源。

（2）加强栽培管理　多施有机肥，增施磷、钾肥，防止偏施氮肥，适时排灌，合理修剪，保持果园良好的通风透光条件。

（3）喷药保护　根据测报和常年发病情况，从发病始期前 10 天开始喷药保护。就某个地区而言，首次用药时期会因为春雨情况而有所不同，如果春雨早、雨量较多，首次喷药时间应相应提前，如果春雨晚而少，则可适当推迟。不同地区的首次用药时间可能会有较大差异。一般来说，第 1 次喷药后，每隔 15 天左右喷药 1 次，共喷 3～4 次。常用药剂有 1∶2∶200 波尔多液、40% 百菌清可湿性粉剂 1 000 倍液、70% 代森锰锌 800～1 000 倍液、70% 甲基托布津可湿性粉剂 1 000～1 200 倍液、50% 多菌灵 500～800 倍液等，还可用 77% 可杀得、80% 大生 M－45、35% 碱式硫酸铜、70% 甲基硫菌灵、10% 宝丽安等杀菌剂。为增加药液展着性，可在药剂中加入助杀等黏着剂。由于在大多数苹果产区褐斑病和斑点落叶病混合发生，因此，可根据情况，将这两种叶斑的防治结合起来。在套袋之前的幼果期不要施用波尔多液，以免污染果面。套袋早熟品种脱袋后选用优质的可湿性杀菌剂，而晚熟品种脱袋后已基本上无须用药。

二、常见虫害

（一）苹果介壳虫

介壳虫是苹果园的一大类害虫，近年来发生危害日益严重。介壳虫类害虫体外分泌一层较厚的蜡质覆盖物，药液不易黏着和渗入，防治难度很大。其防治技术如下：

1. 休眠期（12 月至翌年 2 月）

刮刷粗老翘皮，消灭在其上越冬的介壳虫的虫茧，结合冬春修剪，精细剪除有虫枝条，以减少越冬虫口基数。

2. 发芽前（3 月）

若介壳虫的虫量很大，选用 3 ~ 5 波美度石硫合剂，或 95% 机油乳剂 50 倍液等矿物源农药喷洒，使树体呈淋洗状态，以保护天敌。

苹果介壳虫

3. 落花后（4 月下旬至 5 月）

应尽量避免喷洒化学农药，以保护天敌昆虫。若介壳虫虫量大，危害严重，可选用35% 赛丹乳油 1 000 ~ 1 500 倍液进行防治。赛丹具有很强的渗透作用，能穿透介壳虫的蜡质保护层，在气温超过 20℃时还具有熏蒸杀虫作用，可提高防治效果，且不伤害天敌，可作为首选药物应用。

4. 幼果前期（6 月上中旬）

套袋园可在果实套袋前 1 ~ 2 天，选用 35% 赛丹乳油 1 000 ~ 1 500 倍液、48% 乐斯本乳油 2 000 ~ 2 500 倍液、40% 扑杀磷乳油 1 000 ~ 1 500 倍液等长效药剂细致喷洒，以消灭在果面上寄生的梨枝圆盾蚧等，同时也消灭在叶面和其他部位寄生的其他种类介壳虫初龄若虫。非套袋园，可重点对梨枝圆盾蚧发生严重的树体进行喷药防治。

5. 采收后至落叶前（10 ~ 11 月）

苹果采摘以后，应用化学农药防治介壳虫，效果优于在苹果树发芽前消灭初生若虫和在落花后消灭危害盛期的介壳虫。此时是防治介壳虫的最佳时期，采用上述药物，以消灭从各部位向枝干上转移寻找越冬场所、尚未进入越冬状态、尚未结茧越冬的介壳虫若虫。

（二）红蜘蛛

危害苹果树的红蜘蛛主要有山楂叶螨（也称山楂红蜘蛛）和苹果全爪螨（也称苹果红蜘蛛）。二者以口器吸食叶片，造成失绿斑点，严重时叶片干枯凋落。山楂红蜘蛛在叶片反面危害，有拉网现象；苹果红蜘蛛发生在叶片正面，其卵叶片反正面都有。

防治方法

（1）农业防治　针对红蜘蛛发生的特点，防治山楂红蜘蛛，在幼树期要注意根茎部位喷施药剂，并用土封闭根茎部位土壤缝隙，消灭越冬雌成虫。

红蜘蛛

（2）物理防治　芽萌动开、始膨大时，树冠细致喷施 5 波美度石硫合剂，消灭越冬虫卵和雌成虫。

（3）化学防治　生长季节抓住关键时间，选用不杀伤天敌，不污染环境，对人畜禽无害安全，对害虫高效、残效期长、防治效果好的药剂喷药，一般在 5 月下旬至 6 月上旬红蜘蛛若虫发生盛期喷药为好。可以用 2% 阿维菌素 3 000～4 000 倍液加螨死净 1 000 倍液，或 2% 阿维菌素 4 000 倍液加 25% 灭幼脲 3 号 1 000 倍液。

注意：喷药一定要细致周到，树冠内膛、外围，叶的正面、反面，都要均匀着药。

（三）苹果小卷叶蛾

1. 发生特点

重点危害嫩枝梢上部的叶片，尤其是疏果不恰当、两果相靠，或者是贴叶果，发生得更为严重。为什么难以防治？一是因为它把叶子都卷起来

苹果小卷叶蛾

了，幼虫在卷叶内危害，药不容易接触，打药难打。二是它后期世代重叠，虫、卵、蛹、蛾均有发生，所以用药困难。

2. 防治方法

在苹小卷叶蛾的产卵盛期，叶面细致喷施 25% 灭幼脲 3 号 1 500 倍液或虫酰肼 2 000 倍液。

（四）蚜虫

蚜虫是果园最常见害虫，危害苹果的蚜虫有苹果绵蚜、苹果瘤蚜和苹果黄蚜。如果防治措施不当，蚜虫会暴发成灾，严重影响枝叶生长和果面光洁度。

防治方法

预防蚜虫应以苹果绵蚜、苹果瘤蚜为重点防治对象，进行综合防治。

（1）物理防治　果树发芽时，树干周身涂抹20倍氧化乐果（或48%毒死蜱10倍液）药液，涂抹长度30～40厘米。涂抹之前老树须先将树皮刮至露白露绿，小树不用刮皮，直接涂干便可。

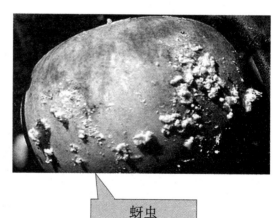

蚜虫

（2）化学防治　果树开花前，或未卷叶之前，蚜虫卵基本孵化时，细致喷施2%阿维菌素3 000倍液，或10%吡虫啉可湿性粉剂2 000倍液，或3%啶虫脒2 000倍液，或48%毒死蜱乳油1 000倍液，或2.5%高效氯氟氰菊酯乳油2 000倍液等。

第三节　梨树常见病虫害诊断与防治

一、常见病害

（一）梨黑斑病

1. 发病症状

在梨实施套袋栽培后，梨黑斑病成为黄金梨的主要病害，主要在果实、叶片、叶柄以及新梢上发病。果实发病，病斑初为黑色小点，后逐渐扩大为凹陷的圆形病斑，其上出现褐色同心轮纹。幼果发病时，病斑多龟裂，并在裂口处产生墨绿色粉状物，病果易早落。

梨黑斑病

2. 防治方法

（1）清洁梨园　落叶后，彻底清扫果园落叶，剪除被害枝梢，集中烧毁，消灭初侵染源。

（2）化学防治　梨树发芽前，喷1次5波美度石硫合剂或30倍的晶体石硫合剂，消灭枝干上的越冬菌源。梨树幼果期后，可用己唑醇、M－大生、波尔多液、乙膦铝等交替喷施。

（二）梨轮纹病

1. 发病症状

梨实施套袋后，梨轮纹病由主要病害下降为次要病害，防治重点放在套小袋前。病菌主要危害枝干和果实，叶片也能受害，但发病不多。枝干被害，以皮孔为中心呈瘤状突起，周缘下陷，病缘交界处开裂，病瘤直径 5 ~ 16 毫米，于翌年在病瘤上散生小黑点，即病菌的分生孢子器，发病严重时，病斑密集，使树皮表面极粗糙。果实从小幼果期开始，分生孢子随风雨传播，通过皮孔进行侵染，在近成熟期及贮藏期中发病。不套袋梨果，轮纹病是全生育期的防治重点。

梨轮纹病

2. 防治方法

（1）消灭菌源　在发芽前彻底刮除枝干上的病斑、粗翘皮，果树发芽前，喷布 5 波美度石硫合剂或晶体石硫合剂 30 倍液。

（2）生长季果实保护　落花后和套小袋前喷 70% 甲基托布津 800 ~ 1 000 倍液或 10% 氟硅唑 1 500 ~ 2 000 倍液。

二、常见虫害

（一）梨木虱

1. 危害症状

梨木虱是黄金梨的主要害虫之一。由于其成虫和若虫都能吸食叶片和嫩梢的汁液，所以常使叶片发生褐色枯斑。严重时，还会使叶片霉黑脱落。梨木虱若虫爬进袋内危害，使果面产生褐色突起状斑块，降低果品质量和等级。

梨木虱一般 1 年发生 4 ~ 6 代，以成虫潜藏在老翘皮或落叶、杂草中越冬。翌年 3 月出蛰活动，日暖时交尾，并在芽腋、小枝鳞痕、鳞片缝隙等处产卵。梨树谢花后，卵孵化，小若虫即在已展开的嫩叶上危害，刚孵化出来两三天后即分泌黏液，防治难度加大。5 月初，若虫羽化为第一代成虫，并在主脉两侧产卵，以后世代重叠发生。9~10月，羽化为越冬型成虫。

2. 防治方法

（1）清洁梨园　冬季清除梨园中的落叶、杂草，刮除树干上的老翘皮，集中烧毁，消灭越冬成虫。

（2）化学防治　萌芽期喷毒死蜱1 000倍液，消灭越冬成虫和卵，落花80%时和套小袋前，喷10%吡虫啉1 500倍液、阿维菌素2 000倍液，杀灭初孵若虫。

（二）黄粉蚜

1. 危害症状

在我国北方地区普遍发生，只危害梨属植物。该虫主要以成虫和若虫集中在梨果实萼洼处取食危害，也有在其他部位危害的。受害果皮表面初期呈黄色稍陷的小斑，以后逐渐变成黑色，向四周扩大呈波状轮纹，常形成龟裂的大黑斑甚至落果。

梨黄粉蚜一般1年发生10余代，以卵在果台、树皮裂缝、梨潜皮蛾危害的翘皮下和枝干上的残附物上越冬。翌年梨树开花期卵开始孵化。若虫在树皮下的嫩组织处取食树液、生长发育并产卵繁殖。6月转移到果实萼洼、梗洼处，继而蔓延到果面等处，8月中旬果实接近成熟时危害最为严重。8~9月出现有性蚜，雌雄交尾后转移到果台、树皮裂缝等处产卵越冬。实行果实套袋的果园，因袋内避光、高湿，纸袋成了保护伞，幼虫从果柄的袋口处潜入，则很难受药，易造成危害，应引起套袋栽培者的高度注意。

2. 防治方法

（1）农业防治　冬春季认真刮除老树皮和翘皮，清除树上残附物，以杀死过冬卵；套袋梨园选用优质、不易破损的防虫纸袋，在不损伤果柄的前提下把袋口扎严，防止黄粉蚜潜入袋内。

（2）物理防治　春季梨树发芽前（3月中下旬）喷3~5波美度的石硫合剂，杀死越冬卵，喷药要周到细致。

（3）化学防治　花芽开绽期，喷毒死蜱1 000倍液，消灭越冬成虫和卵，落花80%时和套小袋前，喷10%啉虫啉1 500倍液、1.8阿维菌素2 000倍液，杀灭初孵若虫。梨树套袋前和6月初各喷一次3%的啶虫脒乳油1 000倍液或10%吡虫啉乳油1 500倍液。

（三）梨二叉蚜

1. 危害症状

成虫和若虫群集芽、嫩梢、花蕾、叶和茎上，以刺吸式口针吸食汁液，被害叶面向正面纵卷成筒状，先出现枯斑，后干枯脱落，从而使枝梢不能正常生长发育，影响产量和花芽分化，导致树势衰弱。

2. 防治方法

萌芽期结合防治梨木虱喷毒死蜱 1 000 倍液。落花后，喷 10% 吡虫啉 1 500 倍液，兼治蚜虫。

（四）梨小食心虫

1. 危害特点

梨果实施套袋后，梨小食心虫下降为次要害虫。每年发生 4～5 代，以老熟幼虫在枝干老翘皮下、土缝、落叶、杂草中越冬，泡桐花期为越冬羽化盛期，麦收前主要危害桃树新梢，幼果后期则转移到梨果危害，幼虫蛀食梨果果肉。

2. 防治方法

5～8 月，每月的下旬为防治有利时期，选用毒死蜱、菊酯类农药、灭幼脲类农药均可。

（五）君配虫

1. 危害特点

又名梨网蝽。在河南每年发生 3～4 代。均以成虫在枝干缝隙、树枝落叶、杂草及土、石缝内越冬。梨树展叶时出蛰活动，集中到叶背取食和产卵，卵散产于叶背组织内，成、若虫群集叶背刺吸汁液，被害叶呈现白斑，重者苍白枯萎。此虫排泄物常使叶片出现锈黄斑，并导致煤污病的发生，引起早期落叶。还能引起一些品种的梨花芽受害死亡。后期世代重叠，10 月以成虫进入越冬。

2. 防治方法

（1）农业防治　落叶后清理果园内残枝落叶及杂草，并集中烧毁。

（2）化学防治　套小袋后，喷施毒死蜱 1 000 倍液，防治成、若虫和卵。6 月上旬，喷施毒死蜱 1 000 倍液，防治成、若虫和卵。

复习思考题

1. 怎样才能把桃的病虫害综合防治做好？
2. 苹果树病害综合防治策略是什么？

第五章 农作物病虫害综合防治

【知识目标】

了解农作物病虫害综合防治的原理与意义，掌握常用的综合防治方法。

【技能目标】

掌握主要经济作物、常用的病虫害综合防治措施，能在生产上应用。

第一节　综合防治的原理及观点

综合防治原理　综合防治属于对有害生物进行科学管理的体系，它从农业生态系统总体出发，根据有害生物和环境之间的相互关系，充分发挥自然控制因素的作用，因地制宜协调应用必要的措施，将有害生物控制在经济受害允许水平之下，以获得最佳的经济、生态和社会效益。

多年的实践表明，单纯依赖化学农药，在控制病虫危害的同时，出现了许多矛盾和问题。如农药的残留、病虫的抗药性、自然天敌被杀伤、病虫再猖獗和次要病虫上升为主要病虫，以及污染环境、造成公害等，不利于实现我国农业可持续发展。早在1975年召开的全国植物保护工作会议上，就正式确定"预防为主、综合防治"为我国的植保工作方针，并进一步指出"在综合防治中，要以农业防治为基础，因地因时制宜，合理运用化学防治、生物防治、物理防治措施，达到经济、安全、有效地控制病虫危害的目的"。"预防为主、综合防治"的方针是我国劳动人民长期同农作物病虫害作斗争的经验总结。它包含以下主要观点：

（1）经济观点　综合防治只要求将有害生物的种群数量控制在经济受害允许的范围之内，而不是彻底消灭。一方面，保留一些不足以造成经济损害的低水平种群有利于维持生态多样性和遗传多样性，如允许一定量害虫存在，就有利于天敌生存；另一方面，这样做符合经济学原则，在有害生物防治中必然要考虑防治成本与防治收益问题，当有害生物种群密度达到经济阈值（或防治指标）时，才采取防治措施，达不到则不必防治。

（2）综合协调观点　防治方法多种多样，但没有一种方法是万能的，必须综合应用。综合防治不是各种防治手段的简单拼凑，而是各种防治措施有机结合和综合运用。必须根据具体的农田生态系统，有针对性地选择必要的防治措施，有机结合，取长补短，相辅相成。从事病虫害防治的部门要与其他部门如农业生产、环境保护等部门综合协调，在保护环境、持续发展的共识之下，合理配套应用农业、化学、生物、物理的方法，以及其他有效的生态学手段，对主要病虫害进行综合治理。

（3）安全观点　综合防治要求一切防治措施必须对人、畜、作物和有益生物安全，符合环境保护的原则。尤其在应用化学防治措施时，必须科学合理地施用农药，既保证当前安全、毒害小，又能保证长期安全、残毒少。在可能的情况下，要尽量减少化学农药的施用。

（4）生态观点　综合防治强调从农业生态系统的总体出发，创造和发展农业生态系统中的各种有利因素，造成一个适于作物生长发育和有益生物生存繁殖，不利于有害生物发展的生态系统。特别要充分发挥生态系统中自然因素的生态调控作用，如作物本身的抗逆作用、天敌控制作用、环境调控作用等。制定措施首先要在了解病虫及优势天敌制约依存的动态规律基础上，明确主要防治对象发生规律和防治关键，尽可能协调采用各种防治措施，并兼治次要病虫，持续降低病虫发生数量，力求达到全面控制数种病虫严重危害的目的，取得最佳效益。

第二节 农作物病虫害综合防治措施

一、植物检疫

植物检疫是贯彻"预防为主、综合防治"植保方针的一项重要措施。我国农业生产上一些较重要的病原物如甘薯黑斑病、棉花枯萎病的病原菌均是新中国成立前从日本和美国传入我国，目前成为我国某些地区普遍发生的病害。植物检疫是指根据国家颁布的法令，设立专门机构，对国外输入和国内输出及国内地区之间调运的种子、苗木及农产品等进行检疫，禁止或限制危险性病、虫、杂草的传入和输出；或者在传入后限制其传播，消灭其危害。国内存在的一些危险性病害（如水稻的白叶枯病、小麦全蚀病、马铃薯环腐病等）在地区间扩展十分严重，因此实施检疫是必要的。尤其在我国加入 WTO 以后，国际贸易活动不断深入，植物检疫任务越来越重，植物检疫工作也显得更为重要。

植物检疫分为对内检疫和对外检疫。

1. 检疫对象的确定

植物检疫对象是根据每个国家或地区为保护本国或本地区农业生产的实际需要和当地农作物病虫害发生的特点而制定的，主要依据下列几项原则：

一是国内或当地尚未发现或分布不广的，一旦传入对植物危害大、经济损失严重的。

二是繁殖力强、适应性广、难以根除的。

三是主要是随种子、苗木、繁殖材料等靠人为传播的危险性病、虫、杂草。

2. 植物检疫的具体措施

（1）调查研究，掌握疫情 了解国内外危险性病、虫、杂草的种类、分布和发生情况。有计划地调查当地发生或可能传入的危险性病、虫、杂草的种类，分布范围和危险程度。调查的方法可分为普查、专题调查和抽查等形式。

（2）划定疫区、保护区，不从疫区引种 将局部地区已发生的危险性病害封锁在一定范围内，组织力量进行消灭。

（3）根据国家检疫法，采取检疫措施 对植物及其产品运输、贸易进行检验、管理及控制，防止危险性病、虫、杂草在地区间或国家间蔓延。凡从疫区调出的种子、苗木、农产品及其他播种材料应严格检疫，未发现检疫对象的发给"检疫证书"；发现有检疫对象，而可能彻底消毒处理的，应指定地点按规定进行处理后，经复查合格可发给"检疫证书"；无法消毒处理的则可按不同情况分别给予禁运、退回、销毁等处理。

二、选育和利用抗病虫品种，使用无害种苗

培育和种植抗病虫害的高产、优质作物品种，不仅是农作物丰产丰收的主要措施，同时也是控制病虫害最经济有效的手段，因而被列为综合防治的重要措施之一，越来越受到普遍重视。目前我国在向日葵、烟草、小麦、玉米、棉花等作物上已培育出一批具有综合抗性的品种，并在生产上发挥作用。随着现代生物技术的发展，利用基因工程等新技术培育抗性品种，将会在今后的有害生物治理中发挥更大作用。如近年来我国广大棉区推广种植的转 Bt 基因抗虫棉基本上控制了棉铃虫的猖獗危害。

> **抗性品种在利用上应注意的问题**
> (1) 将具有不同抗性的品种搭配种植，避免品种单一化。
> (2) 通过品种轮换，控制病原物优势小种的形成。
> (3) 尽量利用多抗性或水平抗性的品种，可以兼抗多种病虫害。
> (4) 利用耐病品种，尤其是病毒引起的病害，有许多耐病品种。
> 生产上常通过建立无病、虫种苗繁育基地、种苗无害化处理、工厂化进行组织培养脱毒苗等途径获得无害种苗，以杜绝种苗传播病虫害。如生产上种植的脱毒土豆、脱毒甘薯、无毒辣椒苗及无毒种子田繁殖的大豆种子，不仅生长健壮，而且产量高。

三、农业防治

(一) 农业防治

根据病虫草等有害生物的生物学特性、发生危害特点与农业因素的关系，在农作物高产、优质的前提下，合理运用各项农业措施对农业生态系统进行调控，以达到控制其危害的目的。农业防治是病虫害综合防治的基础，它对有害生物的控制以预防为主，甚至可能达到根治。多数情况下是结合栽培管理措施进行的，不需要额外增加成本，并且易于被群众接受，易推广；对其他生物和环境的破坏作用极小，有利于保持生态平衡，符合农业可持续发展的要求。其不足是防治作用慢，对暴发性病虫害不能迅速控制，而且地域性、季节性较强，受自然条件的限制较大。有些防治措施与丰产要求或耕作制度相矛盾。

（二）农业防治措施

（1）整地改土、深耕深翻、地膜覆盖　可改变土壤的理化性状，也会影响某些有害生物的栖息和生活条件。如深耕深翻土壤能破坏某些有害生物的洞穴，也可将栖居于土壤表层的有害生物翻到地表，使其因环境的改变而致死，或便于天敌的侵袭。如耕翻后可大量杀死蛴螬等地下害虫及在土壤越冬的害虫；地膜覆盖能提高地温，降低田间湿度，阻碍杂草生长，从而减轻病虫害的发生。

（2）及时清除秸秆杂草、病株残体　许多病原物遗留在病残体及杂草上越冬或越夏，作物收获后，将残茬深翻压埋或带出田外销毁或腐熟，以防止病原物再侵染。

（3）改进耕作制度，合理进行轮作换茬　长期连作，土壤中病原物逐年积累，使病害加重。轮作可以改变土壤条件，有利于作物生长。病地实行轮作，由于病原物遇到不适宜的寄主，病害就逐渐减轻。如水旱轮作可以减轻一些土传病害（如棉花枯萎病）和地下害虫的危害。大豆和禾谷类作物轮作，能控制大豆食心虫的发生与危害。正确的间、套作有助于天敌的生存繁衍和直接减少病虫的发生，如棉花与小麦或油菜间作，特别是棉麦套作，不仅可以减轻棉花苗期蚜虫的危害，同时还可使第二代棉铃虫的发生受到一定抑制；在棉田套种少量玉米，能诱集棉铃虫在其上产卵，便于集中消灭。但是如果轮作或间作不当，也可能导致某些病、虫危害加重，如水稻与玉米轮作，会加重大螟的危害；棉花和大豆间作有利于棉叶螨的发生。

（4）加强田间管理　加强管理可以提高作物抗、耐病虫能力，并能提高病虫危害的作物补偿能力。

1）科学播种、合理密植　科学播种主要包括选用无病、虫的健康的种子和苗木，以及适当调节播种期等。如冬麦区早播则会导致秋季地下害虫多发，密度过大、群体通风透光不良、植株个体不健壮，易引发多种病虫害。

2）合理灌溉、平衡施肥　在肥料种类上，氮、磷、钾应注意配合施用，一般磷、钾肥有减轻病害的作用。水肥管理不当，也会导致一些病虫危害加重。如小麦过量施用氮肥，生长过旺，有利于白粉病、纹枯病发生；棉田施用未经腐熟的饼肥作基肥，可诱使种蝇产卵危害；麦田排水不良，白粉病、赤霉病发生重；麦田缺水，叶斑病发生严重。

3）适时中耕　适时中耕可以改善土壤通透状况，调节地温，有利于作物根系发育。

4）加强管理　适时间苗、定苗，拔除弱苗、病虫苗，及时整枝打杈、清除杂草、清洁田园，对控制病虫害发生都有重要作用。

此外还可利用不同生物的相克作用来抑制病虫害。

四、化学防治

化学防治是指用化学药剂来防治病虫，其突出优点是效率高、见效快、药源丰富、操作方便、防治对象广谱。但化学防治有许多弊端，如导致病虫产生抗药性、杀伤天敌、污染环境、农药的残留残毒影响人畜健康等。根据作用不同，化学药剂可分为保护剂、治疗剂、免疫剂。根据剂型不同，可分为粉剂、液剂和颗粒剂等。根据防治对象不同，分为杀菌剂和杀虫剂等。化学防治的方法可分为：

1. 种子处理

能杀灭种子上携带的虫卵和病原菌，提高发芽率，防治地下害虫、苗期害虫、种子腐烂病、苗期根腐病等。

2. 土壤施药

可将农药均匀撒施或喷洒于地面，然后犁入土中，或将农药与粪肥、肥料混合施入，也可将颗粒剂与种子混合施入，以及用毒土盖种、条施、沟施或穴施等。一般最好选用具有挥发性或熏蒸作用的药剂，可与拌种相结合。

植株喷药的注意事项

施药方法包括喷粉和喷雾。应注意以下几项：

（1）药剂的施用浓度要适宜，过高则浪费或易产生药害，过低则无效。

（2）喷药时间和次数适宜，过早会造成浪费或降低药效，过迟则大量病原物入侵寄主，已致危害，作用不大。要根据预测，在没发病或刚发病时喷药。

（3）喷药要求细致周到，红蜘蛛、蚜虫等叶背面居多，应正、反面都喷。

（4）在生产中，往往需要病虫草兼治，这就需要药剂混用。一般来讲，遇碱性物质易分解失效的不能混用，如有机磷农药多为酸性，就不能和碱性农药波尔多液、石硫合剂或石灰、洗衣粉等混用。混合后产生化学反应并能引起药害的农药也不能混用。

（5）水溶性强的药剂易发生药害。不同作物对药剂的敏感性不同，例如对铜敏感的作物施波尔多液易产生药害；豆类、马铃薯、棉花对石硫合剂敏感。作物的不同生长阶段对药剂的反应也不同，一般来讲，幼苗期和孕穗开花阶段易产生药害；高温、日照强烈或雾重、高湿都容易引起药害。

（6）不要长期施用同一种药剂，要交替施用不同类型的药剂，用最低的药量和最少的次数合理混用农药，否则易使病虫草产生抗药性。

五、生物防治

利用有益生物或生物的代谢物来控制病虫发生与危害的方法，称为生物防治法。这些可被利用的生物包括病虫的病原微生物、线虫、蜘蛛、捕食螨、捕食性和寄生性昆虫以及一些脊椎动物等。生物防治的突出特点是对人、畜、植物安全，选择性强，不污染环境，无残毒，不产生抗性，成本低廉，某些建立了优势群落的天敌和微生物具有长期控害作用。但是生物防治也有局限性，如作用缓慢，使用时受环境影响大，效果不稳定；多数天敌选择性或专化性强，作用范围窄；人工开发技术要求高，周期长等。所以生物防治必须与其他防治方法相结合，综合地应用于有害生物的治理中。

生物防治方法通常包括以下几个方面：

（一）利用天敌昆虫防治害虫

以害虫为食料的昆虫称为天敌昆虫。利用天敌昆虫防治害虫又称为"以虫治虫"。天敌昆虫可分为捕食性和寄生性两大类，常见的捕食性天敌昆虫有蜻蜓、螳螂、瓢虫、草蛉、胡蜂、步甲、食虫虻等。其一般均较猎物昆虫大，靠咬食虫体或刺吸汁液为生。寄生性天敌昆虫大多数属于膜翅目或双翅目，即寄生蜂和寄生蝇，其虫体较小，以幼虫期寄生于寄主体内或体外，最后寄主随天敌幼虫的发育而死亡。

1. 保护利用自然天敌

通过各种措施改善和创造有利于天敌昆虫生活的环境条件，促进自然天敌种群的增长。具体措施有：帮助天敌安全越冬，如天敌越冬前在田间束草诱集，然后置于室内蛰伏；必要时为天敌补充饵料，如种植天敌所需的蜜源植物；人工助迁利用；在防治病虫害时，尽量采取农业防治、物理防治等方法，必须进行化学防治时，应选用对天敌安全的农药品种，协调化学防治与生物防治之间的矛盾，充分发挥自然天敌的控害作用。

2. 人工繁殖和田间释放天敌

用人工饲养的方法，在室内人工大量繁殖天敌，在害虫发生前释放到田间或仓库中去，以补充自然天敌数量的不足，达到控害的目的。目前世界上有130余种天敌昆虫已经商品化生产，其中主要种类为赤眼蜂、丽蚜小蜂、草蛉、瓢虫、小花蝽、捕食螨等。如20世纪70年代以来，许多地区繁殖释放赤眼蜂防治玉米螟、松毛虫等，繁殖丽蚜小蜂防治温室白粉虱，释放草蛉防治棉蚜、棉铃虫、果树叶螨、白粉虱等均收到了良好效果。

3. 天敌的引移

如20世纪50年代湖北省宜都县自浙江省永嘉县移入大红瓢虫，防治柑橘吹绵蚧，当年就获得成功；从苏联引进日光蜂与胶东地区日光蜂杂交，提高了生活力与适应性，从而有效地控制了烟台等地苹果绵蚜的危害；1978年我国从英国引进丽蚜小蜂防治温室白粉虱取得成功。

（二）利用病原微生物防治害虫

又称为"以菌治虫"。这种方法较简便，效果一般较好，已在国内外得到广泛重视和利用。引起昆虫疾病的微生物有真菌、细菌、病毒、原生动物及线虫等。目前研究较多的微生物杀虫剂主要是真菌、细菌、病毒三大类。

1. 细菌

我国利用的昆虫病原细菌主要是苏云金杆菌（Bt），其制剂有粉剂和乳剂两种，用于防治棉花、蔬菜、果树等作物上的多种鳞翅目害虫。目前国内已成功将苏云金杆菌的杀虫基因转入多种植物体内，培育成抗虫品种，如转基因的抗虫棉等。此外形成商品化生产的还有乳状芽孢杆菌，主要用于防治金龟子幼虫——蛴螬。

2. 真菌

我国生产和使用的真菌杀虫剂有蚜霉菌、白僵菌、绿僵菌等，应用最广泛的是白僵菌，主要用于防治鳞翅目幼虫、蛴螬、叶蝉、飞虱等。

3. 病毒

目前发现的昆虫病毒以核型多角体病毒（NPV）最多，其次为颗粒体病毒（GV）及质型多角体病毒（CPV）等。其中应用于生产的有棉铃虫、茶毛虫和斜纹夜蛾多角体病毒，菜粉蝶和小菜蛾颗粒体病毒，松毛虫质型多角体病毒等。目前中国农科院武汉病毒研究所研制的"生物导弹"，就是使用卵寄生蜂（赤眼蜂）将经过高新技术处理过的强毒力剂（病毒）传递到玉米螟卵块表面，使初孵幼虫感病死亡，达到控制玉米螟的目的，不仅节省了成本，而且提高了效率。

（三）利用微生物及其代谢产物防治病虫害

1. 利用微生物及其代谢产物防治虫害

某些放线菌产生的抗生素对昆虫和螨类有毒杀作用，常见的有阿维菌素、多杀菌素等。前者可用于防治多种害虫和害螨，后者可用来防治抗性小菜蛾和甜菜夜蛾。另外还可利用病原微生物中的微孢子虫防治蝗虫，利用昆虫病原线虫防治玉米螟、桃小食心虫等。

2. 利用微生物及其代谢产物防治病害

植物病害的生物防治是利用对植物无害或有益的微生物来影响或抑制病原物的生存或活动，压低病原物数量，从而控制植物病害的发生与发展。有益微生物广泛存在于土壤、植物根围、叶围。在生物防治中应用较多的有益微生物如细菌中的放射土壤杆菌、荧光假单胞菌和枯草芽孢杆菌，真菌中的哈茨木霉及放线菌。有益微生物主要通过以下机制发挥作用：

（1）抗菌作用　即一种生物通过其代谢产物抑制或影响另一种生物的生长发育或生存的现象，这种代谢产物称为抗生素。有些微生物对病原物有抗生作用，称为颉颃现象，如"五四零六"菌制成菌肥可以防治棉苗病等。目前农业上广泛应用的抗生素有井冈霉素、春雷霉素等。

（2）竞争作用　即有益微生物在植株的有效部位定殖，与病原物争夺空间、营养、氧气和水分的现象。如枯草芽孢杆菌占领大白菜软腐病菌的侵入位点，使后者难以入侵寄主。

（3）重寄生作用　一种病原物被另一种微生物寄生的现象称为重寄生。目前生物防治中利用最多的是重寄生真菌，如哈茨木霉寄生立枯丝核菌，用木霉菌拌种可防治棉花立枯病、黄萎病等。

（4）交互保护作用　指植物在先接种一种弱致病力的微生物后不感染或少感染强致病力病原物的现象。如用番茄花叶病毒的弱毒株系接种可防治花叶病毒强毒系的侵染。

在有益微生物的应用中，一方面应充分利用自然界的有益微生物，可通过适当的栽培方法和措施（如合理轮作、增施有机肥）改变土壤的理化状况和营养状况，使其利于有益微生物的生长而不利于病原物的生长；另一方面可人工引入有益微生物，即将引来的微生物经工业化大量培养或发酵，制成生物制剂后施用于植物（拌种、处理土壤或喷施于植株），以获得防病效果。

（四）利用其他有益生物防治害虫

其他有益生物包括蜘蛛、捕食螨、捕食昆虫、两栖类、爬行类、鸟类、家禽类等。农田中蜘蛛有百余种，常见的有草间小黑蛛、八斑球腹蛛等。蜘蛛繁殖快、适应性强、对稻田飞虱、叶蝉、棉蚜、棉铃虫等捕食作用明显，是农业害虫一类重要天敌。农田中捕食螨类，如植绥螨、长须螨等，在果树和棉田害螨防治中有较多应用。两栖类中青蛙、蟾蜍捕食的虫子绝大多数是农业害虫。鸟类在我国有1 100多种，其中有一半鸟以昆虫为食，因此应严禁打鸟，大力植树造林，招引益鸟栖息。

（五）利用昆虫激素和不育性防治害虫

目前研究较多的激素主要是保幼激素和性外激素。前者如昆虫保幼激素2号、JH25等防治烟青虫和蚜虫效果显著。后者又称性信息素，人工合成的性外激素通常叫性诱剂，其在害虫的防治和测报上有很大的应用价值。我国已合成利用的有梨小食心虫、苹果小卷叶蛾、棉铃虫、玉米螟等性外激素。在生产上通过大量设置性外激素诱捕器来诱杀田间害虫或利用性外激素干扰雌雄虫交配控制害虫。

不育性治虫是采用辐射源或化学不育剂处理昆虫（一般处理雄虫）或用杂交方法使其不育，大量释放这种不育性个体，使之与野外的自然个体交配从而使后代不育，经多代释放，逐渐减少害虫数量，达到防治害虫的目的。

六、物理、机械防治

利用病虫草的某些特性（大小、比重、耐温性等）及昆虫的趋性、习性、行为等应用各种物理因素（光、电、色、温、湿）或人工、器具防治病虫害的方法，称为物理、机械防治法。它可分为以下几种：

1. 汰选法

有些病原物如油菜菌核病菌、小麦线虫的虫瘿、小麦腥黑穗病的菌瘿及菟丝子的种子等随种子传播，播种前就应当通过机械筛选的方法把它们除掉。

2. 诱杀法

利用害虫的趋性（趋光性、趋化性）采用灯光或种植某些诱集植物等诱杀害虫。

（1）灯光诱杀 利用害虫的趋光性进行诱杀。常用波长 365 纳米的黑光灯或佳多频振式杀虫灯诱杀害虫。

（2）潜所诱杀 如用杨柳枝把诱集棉铃虫成虫，树干束草或包扎布条诱集梨星毛虫、梨小食心虫越冬幼虫等。

（3）食饵诱杀 利用害虫趋化性诱杀，如用糖醋液（糖醋液的配制比例为：糖 6 份、醋 3 份、白酒 1 份、水 10 份、90% 晶体敌百虫 1 份，调匀即可）诱集黏虫、小地老虎、甘蓝夜蛾成虫；用 90% 晶体敌百虫 0.5 升，加水 2.5～5 升，喷拌 50 千克碾碎炒香的棉籽饼，或用 50% 杀灭菊酯 50～100 倍液加炒香的麦麸或磨碎的豆饼 5 千克，于傍晚撒在作物行间诱杀蝼蛄等。

（4）黄色板诱杀 利用蚜虫、白粉虱等的趋黄特性，可在田间设置黄色黏虫板进行诱杀。

（5）植物诱杀 利用某些害虫对植物取食、产卵的趋性，种植合适的植物诱杀，如棉田种少量玉米、高粱以诱集棉铃虫产卵，然后集中消灭。

3. 阻隔、分离法

如防虫网能防止害虫入侵温室花卉和蔬菜；套袋能防止食心虫类产卵和幼虫蛀果危害；树干涂白、涂胶，可防止一些害虫产卵和危害；在瓜秧根茎周围铺沙，可防止黄守瓜产卵。

4. 高、低温灭虫法

如冬季在北方可以利用自然低温杀死贮粮害虫，夏季可利用日光晒种杀死潜伏其中的害虫。用可以杀死病原物，但不伤害植物的热水来处理种苗，达到杀灭内部病原物（如小麦散黑穗病、甘薯黑斑病、棉花枯黄萎病、水稻白叶枯病等）的目的。用开水浸烫豌豆和蚕豆种子 25～30 分，然后再在冷水中浸数分，可杀死里面的豌豆象或蚕豆象。在热水不能彻底杀死病原物的情况下，可以加入药剂。

5. 器械捕杀法

如利用金龟甲成虫的假死特性，人工振落进行捕杀。

此外，还可用高频电流、超声波、激光、原子能辐射等高新技术防治病虫。

第三节　主要经济作物病虫害综合防治

一、大豆

　　大豆是重要的粮、油、饲兼用作物，营养价值很高。目前豆类食品越来越受人们的重视，对无公害大豆的需求量也越来越大，这就要求我们在大豆的生产过程中禁止使用高毒、高残留、易致畸的农药。由于大豆补偿能力强及品种资源丰富，加之害虫天敌种类及数量较多，所以采用病虫害综合防治技术，再加上规范化施用低毒无公害的农药，会最大限度地减少有毒物质在大豆产品中的残留，生产出无公害的绿色大豆及制品。

　　大豆主要病害：苗期主要有立枯病、猝倒病、根腐病、病毒病等；中后期主要有霜霉病、紫斑病、角斑病、锈病、炭疽病、纹枯病、根腐病和病毒病等。

　　大豆主要虫害：苗期主要有蚜虫、红蜘蛛、甜菜夜蛾、金龟子等；中后期主要有蛴螬、豆天蛾、造桥虫、卷叶螟、豆荚螟、甜菜夜蛾、棉铃虫、盲蝽、烟粉虱、叶蝉、大豆食心虫、豆秆黑潜蝇、蟋蟀等。

　　近几年，大豆害虫呈现种类多、数量大、危害加重的趋势。一些重茬次数较多的地块，大豆根腐病发生较重。由于政府禁止焚烧秸秆，实施秸秆还田，致使蛴螬泛滥，危害严重。一些低洼地蜗牛发生较重。由于棉花改种抗虫棉，喷药次数减少，使得盲蝽对大豆危害加重。

　　大豆病虫害综合防治措施：

　　（1）植物检疫　目前需要检疫的大豆病害有大豆病毒病、根腐病、包囊线虫病等。由于侵染大豆的病毒有多种，且为种传病毒，因此引种前先检疫，或先隔离种植，建立无病种子田，选择无病毒植株留种；大豆根腐病、包囊线虫病等土壤传播或在病残体上越冬的病虫及大豆菟丝子均需严格调种、检疫，并进行病株残体的检验。

　　（2）选用抗病虫品种　针对生产实际，选用抗病毒病、霜霉病、灰斑病、紫斑病、疫霉根腐病及抗大豆食心虫的品种。

　　（3）农业防治

　　1）施用腐熟有机肥、合理进行轮作换茬　对土传病害（大豆根腐病）和以病残体越冬为主的病害（大豆包囊线虫病、灰斑病、褐纹病、轮纹病、细菌斑点病等）以及在土中越冬的害虫（大豆根潜蝇、二条叶甲、豆黄蓟马等）通过3年轮作即可减轻危害。对发生大豆包囊线虫病的地块，至少应实行5年以上轮作。

　　2）耕翻灭茬　及时耕翻灭茬，可有效防治蛴螬；冬季深翻，可使豆天蛾蛹、蛴螬等裸露而被冻死。

3）清除病株残体　大豆叶斑病、纹枯病、包囊线虫病、豆秆黑潜蝇、菟丝子均存活在病株残体上，要及时清除或烧毁，防止其扩大再侵染。

4）加强管理　适期播种，合理密植、加强栽培管理，促使植株个体健壮，增强植株抗病虫能力。如雨后及时中耕松土、排除积水，可有效防治疫霉根腐病；提早播种，可错开豆秆黑潜蝇发生盛期。

（4）化学防治　在其他措施不能控制病虫草危害时，可进行化学防治。化学防治前必须综合大豆生理上的补偿能力确定防治指标，选用对天敌杀伤力小的低毒、低残留农药。

化学防治可综合应用种子处理、叶面喷药及土壤处理等措施。最后一次施药必须在籽粒成熟前一个月结束。

1）种子处理　通过药剂拌种、闷种或种子包衣，推迟病、虫的侵染危害，保主根、保幼苗。种衣剂一般种药比约为 40:1，常规药剂拌种或闷种在地下害虫（主要是蛴螬）发生严重的地区常用方法为：用 50% 辛硫磷乳油按干种子量的 0.1%~0.2% 加适量水稀释，均匀喷拌在种子上，堆闷 4~12 小时再播种；也可采用锐胜（70% 噻虫嗪）20 克 + 敌萎丹（3% 苯醚甲环唑）30 毫升加水 100 毫升，拌种 15 千克，阴干后播种。对一些病虫可针对性拌种：如大豆霜霉病可用种子重量 0.5% 的 50% 福美双可湿性粉剂拌种；大豆根腐病发生较重地区可用 50% 多菌灵可湿性粉剂加 50% 福美双可湿性粉剂（3:2）拌种，用药总量为种子重的 0.5%；大豆根潜蝇发生较重地区可选用 40% 乐果按种子重的 0.5% 在播前 3~6 天拌种。

2）喷药灌根　对于真菌性病害如大豆叶斑病、炭疽病、紫斑病等可选用 50% 多菌灵 500 倍液、75% 百菌清 700 倍液、70% 甲基托布津 700 倍液等杀菌剂进行喷雾防治；防治大豆霜霉病，可每亩用 80% 乙膦铝可湿性粉剂 100~150 克或 25% 瑞毒霉可湿性粉剂 100~125 克对水喷雾。对病毒病的防治：一是要及时防治蚜虫，切断传播源；二是要用克毒宝（40% 马啉胍·羟烯腺类可溶性粉剂）1 000 倍液或 8% 宁南霉素 + 15% 利巴韦林 + 20% 病毒灵 800 倍液叶面喷洒进行防治。

主要虫害的防治方法

（1）对棉铃虫、甜菜夜蛾等抗性害虫，可每亩用福戈（20% 氯虫苯甲酰胺 + 20% 噻虫嗪）5 克，或康宽（20% 氯虫苯甲酰胺）5~10 毫升，或稻腾（10% 氟虫双酰胺:阿维菌素 =2:1）5~10 毫升，或垄歌（20% 氟虫双酰胺）5 克，或甲维盐（5% 甲氨基阿维菌素苯甲酸盐）5~10 克进行防治。

（2）对蚜虫可每亩用 10% 吡虫啉可湿性粉剂 40~70 克，或 3% 的啶虫脒乳油 50 毫升加水 30 千克进行防治；对红蜘蛛、烟粉虱等可每亩用 1.8% 阿维菌素 10~15 毫升或 5% 甲氨基阿维菌素苯甲酸盐 4~10 克进行防治。

（3）对豆潜蝇可在2～3代成虫盛期（在7月中旬至8月上旬）每亩用48%毒死蜱（乐斯本）50毫升进行防治，间隔7天再防1次。

（4）对大豆食心虫及豆荚螟，可于幼虫未进入豆荚前，每亩用5%甲氨基阿维菌素苯甲酸盐5克加水15千克喷雾防治。

（5）对棉盲蝽在大豆上危害有致大量落花落荚的趋势，亩用10%吡虫啉10克＋菊酯类农药30毫升＋水15千克，或用3%啶虫脒20毫升，或氟虫腈20～30毫升加水30千克，在上午9点前或下午6点以后进行大面积统一防治。

（6）对蟋蟀可用毒饵、毒土诱杀，可每亩用90%晶体敌百虫50克加水适量，与炒香麦麸5千克拌匀，于傍晚顺垄撒施，每亩撒毒饵1.5～2千克。

（7）对金龟子可于6月下旬至7月中旬每亩用48%毒死蜱乳油50毫升加水30～50千克喷雾防治。也可在7月中下旬至8月初结合浇水、中耕或追肥，每亩施入5%甲基异柳磷颗粒剂5千克进行防治，或用48%毒死蜱乳油300～500毫升加水400千克，或用50%辛硫磷乳油500倍液250千克顺垄洇浇灌根。

生产上可根据多种害虫发生情况复配多种药剂综合防治。如大豆8月上中旬可每亩用3.2%甲维·氯氰微乳剂50毫升＋18%吡虫·噻嗪酮可湿性粉剂20克＋50%辛硫磷乳油55毫升或5%甲氨基阿维菌素苯甲酸盐5克＋4.5%高效氯氰菊酯50毫升；对于蜗牛可采用6%四聚乙醛每亩400～500克傍晚撒施。混合喷施，防治盲蝽、白粉虱、豆天蛾、造桥虫、甜菜夜蛾、棉铃虫、金龟子、潜叶蝇、叶蝉、蚜虫、象甲、蝗虫等。

3）土壤处理　对于地下害虫蛴螬、蝼蛄等可于耕地前或耕后耙前，结合施肥每亩撒施3%辛硫磷颗粒剂5千克进行防治。

（5）物理、生物防治　种子清选，清除病粒、草籽（如菟丝子等种子）。将银膜条间隔插于田间，可驱避蚜虫。对金龟子、棉铃虫、豆天蛾等成虫采用杀虫灯诱杀，可有效减少产卵量，减少虫源。喷施Bt及植物源性农药、释放赤眼蜂等不仅可以保护生态环境，而且可长期控制害虫，是一种简便高效的防治方法，也是历史发展趋势。

二、花生

花生是主要的油料作物，在生产上，花生常见病害有青枯病、茎腐病、根腐病、黑霉病等，虫害有蚜虫、地下害虫等，采用无公害用药是保证花生优质高产的重要措施。

（一）花生主要病害防治技术

1. 青枯病

又叫"青症"、"死苗"、"花生瘟"等，是一种土壤传播的细菌性病害。

该病危害花生的维管束，在短期内能使大量植株迅速枯死。花生青枯病从苗期至收获的整个生育期间均可发生，一般多在开花前后开始发病，盛花期为发病盛期。病菌主要侵染根部，使根端变色软腐，维管束组织变为深褐色，并自下而上扩展到植株的顶部。将病部横切后，用手挤压，可见浑浊乳白色细菌液流出。感病植株表现为自上而下失水萎蔫，叶色暗淡，但仍呈绿色。植株从感病到枯死需 7 ~ 15 天。

> **青枯病防治方法**
>
> （1）农业防治　选用抗病品种，首选品种为远杂9102、泛花3号，兼顾豫花15、鲁花14号等春、夏皆可种植的花生品种。轮作倒茬可有效地控制青枯病的发生，与谷子轮作较为适宜，轮作期为 3 ~ 5 年。
>
> （2）化学防治　可用25%敌枯双配制成毒土盖种，或用 1 000 倍液灌根，也可用农用链霉素 1 200 倍液浸种或灌根。

2. 茎腐病

该病是一种暴发性病害，花生苗期病菌先侵染子叶使其腐烂，而后侵染茎基部，在茎基部产生水渍状黄褐色斑，后变黑褐色，严重时植株萎蔫枯死；成株期发病时，主茎和侧枝基部产生水渍状黄褐色斑，病斑发展后使茎基部变黑，植株枯死。

> **茎腐病防治方法**
>
> （1）农业防治　合理轮作倒茬，避免连作。茎腐病主要以种子带菌传播，贮藏前要充分晒种、选种，不用霉变、质量差的种子。
>
> （2）化学防治　用50%多菌灵可湿性粉剂按种子量的0.3%拌种，或在苗期喷药，齐苗后用50%多菌灵可湿性粉剂 1 000 倍液喷洒，开花前再喷 1 次，也可用70%甲基托布津800 倍喷淋茎部。

3. 根腐病

该病在花生整个生育期均可发生。感病植株矮小，叶片自下而上依次变黄，干枯脱落，主根外皮变黑腐烂，直到整株死亡。该病主要靠雨水传播。苗期田间积水，地温低或播种过早、过深，均宜发病。

根腐病防治方法

（1）农业防治 合理轮作，严格选种、晒种。整地改土，增施腐熟的有机肥，防涝排水，加强田间管理。

（2）化学防治 用50%多菌灵可湿性粉剂按种子量的0.3%拌种。发病初期用50%多菌灵（可湿性粉剂）1 000倍液喷雾防治。

4. 黑霉病

该病主要发生在花生生长前期，病菌先侵染子叶使其变黑腐烂，继而侵染幼苗根部，潮湿时病部长出许多霉状物覆盖茎基部，茎叶失水萎蔫死亡。

黑霉病防治方法

（1）农业防治 合理轮作，选用抗病品种。

（2）化学防治 发病初期用50%多菌灵1 000倍液或70%甲基托布津1 000~1 500倍液叶面喷雾，每隔7~10天喷1次，共喷2~3次，可与叶面喷肥相结合。

（二）花生主要虫害防治技术

1. 地下害虫

花生地下害虫主要有地老虎、蛴螬。它们不仅危害期长，而且危害严重，常造成缺苗断垄，致使减产，是目前影响花生产量的主要害虫。地下害虫常在地下活动，直接危害花生的根部和果实，隐蔽性强，防治困难。

近年来花生地下害虫的危害越来越重，其中罪魁祸首就是蛴螬，防治蛴螬已成为生产无公害花生的重中之重。

（1）形态特征 蛴螬的成虫是鞘翅目金龟甲，常见的种类是暗黑腮金龟子和铜绿丽金龟子。金龟子的幼虫便是蛴螬，俗称大头虫、白地蚕、白土蚕。体乳白色，体壁柔软、多皱。体表疏生细毛。头大而圆，有胸足三对，遇惊扰假死为"C"字形。

（2）危害症状 花生幼苗受害，根茎常被平截咬断，造成缺苗断垄现象。荚果期受害，果柄被咬断、幼果被咬伤或蛀入取食果仁，危害严重时，将嫩果全部吃光仅留果柄，有的咬断果柄使荚果发芽、腐烂，有的吃空果仁形成"泥罐"，有的剥食主根使植株死亡，一般减产20%~30%，严重的损失60%~70%。

（3）发生规律

1）发生期不整齐 暗黑腮金龟子在河南省1年发生1代共3龄，1~2龄期较短，第3龄最长，以成虫及3龄幼虫在土中越冬，6月下旬至7月上中旬化蛹，成虫陆续出土，9月上旬基本结束。

2）分布广 暗黑鳃金龟子是适应性极强、分布最广、危害最重的地下害虫之一，除水田外，几乎所有农田都有分布。

3）交尾取食规律 暗黑鳃金龟子一般晚上7点30分左右开始出土，出土后先集中在灌木上交配，晚上8～10点为交配高峰。此时，群集交尾的暗黑鳃金龟子可将小树枝条压弯，挤成虫团，非常有利于人工捕捉。晚上10点以后飞到高树上取食（趋高取食）。黎明前潜伏。

4）隔日出土 暗黑鳃金龟子不是每天晚上都出土，而是隔日出土，且受降水的影响较大，如果出土当日晚上7点30分至8点下大雨，就不出土，并由原来的双日或单日出土，改为单日或双日出土。插杨树枝毒把诱杀和人工捕捉应在出土日进行。

5）产卵期长 暗黑鳃金龟子出土后必须在交配后取食10～15天，补充营养后才能产卵繁殖。主要取食榆树、杨树等树木叶片，并表现出明显的定向取食性。

6）趋光性强 暗黑鳃金龟子对黑光灯、白炽灯有很强的趋光性，出土日晚上8点至8点30分是扑灯高峰，可利用此特性进行测报和灯光诱杀。

7）产卵有选择性 在花生、大豆、甘薯、玉米、瓜菜等并存时，暗黑金龟子特别喜欢在天亮前到花生、大豆等豆科作物田产卵。因此，花生和大豆田暗黑蛴螬的发生危害最重，其次是甘薯田。卵产在松软湿润的土壤内（以水浇地最多），每头雌虫可产卵100粒左右，喜欢产在生长茂盛的田块，因而春播田发生重于夏播田。7月下旬左右为卵的孵化盛期，7月底至8月初，为防治最佳适宜期。8月中下旬为危害盛期，蛴螬在10厘米土温达5℃时开始上升土表，13～18℃时活动最盛，23℃以上则往深土中移动。因此，春、秋季在表土层活动。

防治效果差的原因

（1）发生较隐蔽，蛴螬一直处于土中，必须用药灌根，使药液渗到5～10厘米土层中。

（2）因发生期不整齐，药剂的持效性不能达到控制整个危害期的要求，如辛硫磷颗粒剂只有20天药效，需多次用药。

（3）没有在适期用药。

（4）缺乏综合防治技术，仅单纯用药，由于发生数量大，持续时间长，难以防治。

（4）综合防治方法

在认真贯彻执行"预防为主，综合防治"方针的基础上，优先采用农业、物理和生物防治措施，科学合理地施用低毒、低残留的农药及生物农药，互相配合，防治兼顾，以发挥综合防治的优势，防治指标：3头/米^2。

1）生物及农业防治

☞ 推广地膜覆盖、平衡施肥，增施腐熟有机肥、稀土微肥和钾肥，增强植株抗虫力。在增施有机肥、培肥地力的基础上，每亩施用 20 千克生物复合肥 + 20 千克三元复合肥（N: P: K = 28 : 6 : 6），可促进花生早发，增加单株开花量和根瘤数量，提高抗病虫能力，有利于取得花生高产。

☞ 花生收获时，将翻出的蛴螬收拾起来集中销毁，可有效减少来年虫口密度。

☞ 轮作可以减轻病虫和杂草危害，维持土壤中各种养分的平衡。据调查，实行水旱轮作，蛴螬的虫口密度可下降 85.8%，每亩增产花生（荚果）50 ~ 75 千克，还可减轻枯萎病的发生。因此实行水旱轮作，种植稻茬花生，既可保证灌排需要，又可控制蛴螬的危害，减少用药，提高花生质量。

☞ 捕食金龟子的天敌有鸟、刺猬、蟾蜍、步行虫等，捕食蛴螬的天敌有食虫虻幼虫等，可加以利用。

☞ 播种时每亩顺沟撒施白僵菌（BBR）1 千克，可以防治以蛴螬为主的地下害虫。用苏云金杆菌（八号菌）菌粉在播种期和蛴螬的产卵盛期施用，具有较好的灭虫和保果作用。

2）物理防治

☞ 灯光诱杀。利用太阳能频振式杀虫灯诱杀成虫。田间设置诱虫灯，50 亩 1 盏，6 ~ 8 月的成虫出土期夜晚开灯，诱杀金龟子，减少产卵。

☞ 在花生田边种植蓖麻并喷上药。成虫取食后中毒死亡，有一定的防效。

☞ 药枝诱杀。将 0.5 ~ 1 米长的新鲜杨树或榆树枝在 40% 氧化乐果 50 倍液中浸 10 小时，于傍晚插到田间，每亩 5 把，诱金龟子食用，次日清晨收起，连用 2 ~ 3 天。

3）化学防治

☞ 土壤处理。每亩用 5% 辛硫磷颗粒剂 2 ~ 3 千克，拌细土 40 ~ 50 千克施于播种沟（穴）内，具有良好的防效。

☞ 拌种。用 70% 噻虫嗪 20 克 + 3% 苯醚甲唑 30 毫升 + 水 100 毫升拌种 15 千克，或 5% 氟虫腈 20 毫升 + 60% 吡虫啉 30 毫升 + 水 100 毫升拌种 15 千克，或 70% 噻虫嗪 20 克 + 2.5% 咯菌腈 15 毫升 + 水 100 毫升拌种 15 千克，药剂拌种的同时可按每千克种子 2 克的比例加入钼酸铵。用 50% 辛硫磷乳油按种子量的 0.2% 加 50 ~ 100 倍水拌种，均匀喷于种子上，堆闷数小时后播种，或者亩用护丰［30% 毒死蜱微囊悬浮剂 + 助剂（伴多得）共 250 克］，二者充分混合均匀后，加入到 1 亩地（15 千克）花生种里，充分混合搅拌均匀后，在阴凉（避光）通风处摊开晾干后播种，此法可有效地防治花生蛴螬。由于缺少长效、高效药剂，花生幼果期灌药难，劳动强度大，用工多，效果难保证，且易造成农药残留超标的问题。该药持效期达 4 个月，可起到一次拌种，控制整个生长期虫害的作用。

 可用 48% 毒死蜱乳油 250~400 毫升或 3% 辛硫磷颗粒剂 5 千克，拌细炉渣或粗沙 20~25 千克顺垄撒施并覆土浇水。春花生 7 月中、下旬防治两次，套种花生 7 月下旬防治 1 次。

2. 蚜虫

花生开花下针期是蚜虫危害的重要时期，此期蚜虫主要危害花萼管、果针，使花生植株矮小，叶片卷缩，严重影响开花下针和结果。蚜虫排出的大量蜜露还会引起霉菌寄生，使植株茎叶发黑，甚至枯萎死亡。除此之外，蚜虫也是传播病毒病的主要媒介。

防治蚜虫可用 10% 吡虫啉可湿性粉剂或 50% 避蚜雾可湿性粉剂 1 000~1 500 倍液喷雾。

三、棉花

（一）棉花病害防治

1. 棉花苗期病害

棉花苗期主要病害有炭疽病、立枯病、褐斑病、红腐病等，其中炭疽病和立枯病发生比较常见，对棉苗的危害也最严重。

棉花苗期病害的防治应以预防为主，创造有利于棉苗生长而不利于病菌生存的环境条件，并通过喷施化学药剂来控制和防止病害的发生与蔓延。在精选棉种、水旱轮作、加强田间管理的基础上，种子处理对减轻苗期病害具有重要作用。如未包衣的种子可用 40% 五氯硝基苯 40 克加细土 0.5 千克，混拌均匀制成药土，将 5 千克棉种浸湿与药土均匀混拌，或者在用硫酸脱绒后用多菌灵、敌唑酮等拌种，能明显提高棉苗的抗病能力。棉苗发病后可用 1:1:200 的波尔多液在子叶平整后喷治，也可用 25% 多菌灵胶悬剂 200~300 倍液进行喷治，一般每周喷 1 次，共喷 2~3 次，或者每亩用 20% 甲基立枯磷乳油 200 克或 18% 咪鲜·松脂铜乳油 10 毫升 + 芸薹素内酯 10 毫升，加水 15 千克防治立枯病等病害。低温来临前应注意喷药预防病害。

2. 棉花枯萎病、黄萎病

棉花枯萎病、黄萎病必须以预防为主，防治要因地制宜，宜早不宜迟，这样才能收到较好的效果。要做好检疫，保护无病区；及时铲除零星病点，控制病害蔓延。发现病株做好标记，清除病株后，立即对病株 1 平方米范围内的土壤彻底消毒，每平方米病点灌施 90% 氯化苦 360 倍稀释液 45 千克，药液渗下后用干土覆盖。也可用 90% 棉隆可湿性粉剂 70 克均匀拌入病点 1 平方米的土壤内，浇水 15~25 千克，然后覆盖干土封严。

棉花枯萎病一般发生在现蕾前，有时现蕾后与黄萎病相伴发生，可用 40% 多菌灵或 65% 代森锰锌可湿性粉剂 500~800 倍液叶面喷雾防治。棉花黄萎病发病初期，可用 40% 多菌灵 1 000 倍液灌根（0.5 千克/株），或用黄腐酸盐 500 倍液加防死乐 500 倍液混合喷雾，或者对病株喷施抗枯黄萎剂、噁霉灵、乙蒜素 2~4 次，有控制病害蔓延减轻危害的效果。

另外，做好种子消毒，选用抗、耐病品种，实行轮作换茬等方法，对控制病菌危害同样具有一定的效果。

3. 棉花红粉病、炭疽病、曲霉病、角斑病、黑星病等

在发病初期，喷洒 1:1:（120~220）波尔多液或 25% 叶枯唑可湿性粉剂，或 65% 代森锌可湿性粉剂 400~500 倍液。发病较重时可喷洒 50% 多菌灵、70% 托布津、75% 百菌清或 65% 代森锌等可湿性粉剂 500~1 000 倍液。为提高防治效果，可用波尔多液或铜皂液加入上述药剂混合施用。

（二）棉花虫害防治

1. 盲蝽

防治关键期为若虫期，在上午 9 点以前或下午 5 点以后用药，所有棉田进行统一防治，以防止成虫窜飞。以触杀和内吸性较强的药剂混用药效最好，每亩选用 45% 敌畏·马拉 1 500~2 000 倍液，或 10% 吡虫啉可湿性粉 20~30 克，或 1.8% 阿维菌素 30 毫升，加水 30 千克茎叶均匀喷雾。

2. 烟粉虱

在成虫初发期（约 7 月中旬）每亩用 1.8% 阿维菌素 25 毫升，或 10% 吡虫啉 30 克，或 3% 啶虫脒 50 毫升加水 30 千克，于上午 10 点前进行叶背喷雾，间隔 5~7 天喷 1 次，连喷 2~3 次，注意轮换用药，大范围统一防治。

3. 棉红蜘蛛

发现一株治一圈，发现一点治一片。有螨株率 5%、百株螨量 200 头时进行防治。早春及时铲除棉田及周边杂草；每亩用 5% 甲维盐 5~10 克或 1.8% 阿维菌素 10 毫升，对水 15~30 千克喷雾。

4. 棉蚜

苗期 3 片真叶之前百株蚜虫 3 000 头，4~6 片真叶期百株蚜量 8 000~10 000 头，棉花卷叶前成株期单株 3 叶有蚜 200 头为防治标准。

可每亩用 10% 吡虫啉可湿性粉 30 克或 3% 啶虫脒 50 毫升加水 30 千克进行茎叶喷雾。

5. 棉铃虫

2、3 代百株卵量 20 粒，百株幼虫 2~3 头；4 代百株卵量 30 粒，百株幼虫 3~5

头为防治标准。

抗虫棉对2代棉铃虫控制效果较好，一般不需防治，对3、4代棉铃虫的控制效果减弱，需适时进行防治。防治方法：成虫高峰期设诱蛾灯诱杀成虫。药剂可选用35%丙溴·辛硫磷1 000~1 500倍液、52.25%毒死蜱·氯氰1 000~1 500倍液、20%氯铃·毒死蜱1 000~1 500倍液、甲维盐10~20克对水40千克，均匀喷雾防治。

6. 斜纹夜蛾、甜菜夜蛾

在不施药防治的条件下，百株初孵群集幼虫有3窝或以上即开始进行防治。须在幼虫低龄期用药，将其扑灭在暴食期之前。施药宜在上午8点前或下午5点后进行，抓住1~2龄幼虫盛期进行防治，可用5%甲氨基阿维菌素苯甲酸盐2 000~3 000倍液、35%丙溴·辛硫磷1 000~1 500倍液、20%氯铃·毒死蜱1 000~1 500倍液均匀喷雾。

（三）棉花害虫诱杀

1. 毒饵诱杀地老虎

每平方米有虫（卵）0.5~1头（粒）或发现棉株上有被害圆孔，定苗前被害株率达5%时进行防治，坚持以防治一龄、二龄幼虫为主，防治大龄幼虫为辅的原则。

可用90%晶体敌百虫50克加水适量，拌入5千克炒香麦麸中，于傍晚顺棉行撒施，每亩撒施1.5~2千克。

2. 黄板诱杀

选用100厘米×20厘米的长方形钙塑纸板，涂上黄色油漆，风干后再涂1层机油，挂设在略高于植株10~20厘米的行间。每公顷设挂450~600块，每隔7~10天清理1次残虫，重新涂1遍机油。无须用农药，既经济又环保，对蚜虫、飞虱、棉蓟马等诱杀效果良好。

3. 诱剂诱杀

采用杨柳枝把、性诱剂、糖醋诱剂、黑光灯等诱集方法诱杀棉铃虫、菜青虫、小菜蛾、地老虎、甘蓝夜蛾等害虫的成虫，防效较好。

复习思考题

1. 病虫害的综合防治方法有哪几种？举例说明。

2. 如何进行大豆病虫害的综合防治？

3. 花生田主要病虫有哪些？如何防治蛴螬？

4. 棉花害虫诱杀的方法有哪些？

第六章　农药施用知识

【知识目标】

　　明确农药的分类与作用。

【技能目标】

　　掌握农药的施用方法与配制方法。

第一节 常见农药

农药是为保障、促进或调节作物的生长，用于防治病虫以及除草等药剂的总称。农药可以是化学物质、生物（如病毒或细菌）、杀菌剂、抗感染剂，或者是任何能够对抗病虫及杂草的手段。

施用农药，相对于其他防治措施，具有高效、方便、适应性广、经济效益显著等特点。现代化农业如不用农药，很难达到高产稳产的目的，但大量施用农药，将会造成环境污染、人畜中毒、有害生物产生抗药性等严重后果。因此，农药的用量应控制在合理范围内，并要配合其他防治方法。

随着科学技术的飞速发展，农药也在不断发展和完善。近年来，大量的高效、低毒、低残留及对环境安全的农药品种不断出现。过去农药的定义和范围偏重于强调对有害生物的"杀死"，但20世纪80年代以来，农药的概念发生了很大变化。今天，人们并不注重"杀死"，而是更注重于"调节"，今后农药的内涵必然是"对有害生物高效，对非靶标生物及环境安全"。

一、农药的概念

农药是重要的农业生产资料和救灾物资，农药主要是指用来防治危害农林牧业生产的有害生物（害虫、害螨、病原线虫、病原菌、杂草及鼠类）和调节植物生长的化学药品，但通常也把改善农药有效成分的物理化学助剂包括在内。

二、农药在农业生产中的作用和地位

农药在国民经济的发展中有着重要的作用，现代化农业已离不开农药的应用。从种子处理、生长期有害生物的防治到果实的保鲜、防蛀、防霉，农药都起着十分重要的作用。此外农药还广泛用于工业品防霉，木材防腐、防蛀，卫生杀菌消毒等许多方面。

农药可以影响、控制和调整各种有害生物的生长、发育和繁殖过程，在保障人类健康和合理的生态平衡前提下，使有益生物得到有效保护，有害生物得到有效抑制，从而促进农业向更高层次发展，满足人们日益增加的物质需求。要达到此目的，一是靠科学种田，二是靠增加投入，即增加化肥、农药的施用量。施用农药成为提高作物产量的重要手段之一。随着人们生活水平的提高，各种经济作物、饲料作物、中草药、花卉、食用菌、调料作物等将有新的发展，这些领域的用药将会提出更高的要求。因此，农药在发展农业生产中的作用会越来越大，地位也将得到进一步提高。

三、农药的分类

农药的品种很多，为了方便应用，常根据它们的防治对象、作用方式和化学组成等进行分类，一般以前4种较为常见。

（一）杀虫剂

这类药剂是用来防治农、林、卫生、储粮及畜牧等方面害虫的农药。

1. 按成分及来源分类

（1）无机杀虫剂 是以天然矿物质为原料的无机化合物，如硫黄、砒霜、氟化钠等。

（2）有机杀虫剂 这类杀虫剂又分为：

1）天然有机杀虫剂 直接由天然有机物或植物油脂制作的杀虫剂，如松脂合剂。

2）人工合成有机杀虫剂 有效成分为人工合成的有机化合物，又称为化学杀虫剂。按其成分又分为有机氯杀虫剂，如滴滴涕、六六六等，这类农药由于残留期很长，对环境污染较大，已被淘汰；有机磷杀虫剂，如敌百虫、氧化乐果等；氨基甲酸酯类杀虫剂，如呋喃丹、灭多威等；有机氮杀虫剂，如双甲脒等；拟除虫菊酯类杀虫剂，如敌杀死、氯氰菊酯等；特异性杀虫剂，如灭幼脲等。

（3）微生物杀虫剂 能使害虫致病的真菌、细菌、病毒及其代谢产物，通过人工大量培养作为农药，如青虫菊、苏云金杆菌、白僵菌、绿僵菌等。

（4）植物性杀虫剂 如烟草、除虫菊等。

2. 按作用方式分类

（1）胃毒剂 害虫取食后，经口腔通过消化管进入体内引起中毒死亡的药剂，如敌百虫等。

（2）触杀剂 通过接触表皮渗入害虫体内，使之中毒死亡的药剂，如敌杀死等。

（3）内吸剂 是指能被植物吸收，并在植物体内传导或产生代谢物，在害虫取食植物汁液或组织时使之中毒死亡的药剂，如氧化乐果等。

除此还有熏蒸剂、拒食剂、驱避剂、引诱剂、不育剂、昆虫生长调节剂等。

3. 按毒理作用分类

（1）神经毒剂 作用于昆虫的神经系统，干扰正常的神经传导，引起死亡的药剂，如有机磷酸酯类、氨基甲酸酯类、拟除虫菊酯类杀虫剂等。

（2）呼吸毒剂 作用于昆虫的呼吸系统，抑制呼吸酶的活性，阻碍呼吸代谢的正常进行，引起窒息死亡的药剂，如鱼藤酮、硫化氢等。

（3）物理性毒剂 通过摩擦或溶解作用损伤昆虫表皮，使昆虫失水，或阻塞昆虫气门，影响呼吸的药剂，如矿物油剂、惰性粉等。

（二）杀螨剂

用于防治植食性害螨的药剂称为杀螨剂，用于防治危害各种植物、贮藏物、家畜等的蛛形纲中的有害生物，一般只能杀螨而不能杀虫。兼有杀螨作用的农药品种较多，但它们的主要作用是杀虫，不能称为杀螨剂，有时也称它们为杀虫、杀螨剂。在杀螨剂中，有的品种对活动态螨（成螨和幼螨、弱螨）活性高，对卵活性差，甚至无效；有的品种对卵活性高，对活动态螨效果差，有的品种两种都可以杀死。

常见的杀螨剂品种

（1）有机氮品种2个，即单甲脒和双甲脒。

（2）有机氯品种1个，即三氯杀螨醇，对锈螨活性较高，但柑橘红蜘蛛已出现抗性，而且含有滴滴涕成分，在一些地方已被禁用。

（3）有机硫品种1个，即克螨特，国产通用名为炔螨特。

（4）有机锡品种3个，即三唑锡、托尔克（国产通用名为苯丁锡）和三磷锡。

（5）杀卵药剂有2个，即螨死净和尼索朗，相互间有互抗性，多数区域柑橘红蜘蛛对这两种药剂有高抗性。

（6）植物源、矿物源品种，主要是机油乳剂、石硫合剂和松脂合剂，这类药一般安全性差，多被用于冬春季清园，但效果好，现优质的机油乳剂如"绿颖"安全性有了很大提高，可在生育期施用。

（7）生物或仿生制剂产品，主要有卡死克和阿维菌素2个。

（8）哒螨灵系列产品，这类产品的复配品种很多，而主要的作用成分是哒螨灵，与哒螨灵相似的杀螨剂品种还有霸螨灵。

（三）杀菌剂

用来防治植物病害的药剂称作杀菌剂。

1. 按化学成分分类

（1）无机杀菌剂　利用天然矿物或无机物制成的杀菌剂，如硫黄粉、石硫合剂、硫酸铜、波尔多液等。

（2）有机杀菌剂　指人工合成的有机化合物，又称化学杀菌剂，如代森锌、多菌灵、三唑酮等。

（3）微生物杀菌剂　指以微生物或其代谢产物来防治植物病害的药剂，如井冈霉素等。

（4）植物性杀菌剂 指从植物中提取的具有杀菌作用的物质，如大蒜素等。

2. 按作用方式分类

（1）保护剂 指在病原菌侵入寄主植物之前在植物表面施药，以达到防病目的的药剂，如波尔多液、代森锌等。

（2）治疗剂 指病原菌侵入植物后，在其潜伏期间施用，以抑制其继续在植物体内扩展或消除其危害的药剂，如甲基托布津、乙膦铝等。

此外，杀菌剂可以根据能否被植物内吸并传导、存留的特性，分为内吸性杀菌剂与非内吸性杀菌剂两大类。

（四）除草剂

除草剂是一类用来防除农田杂草，而又不影响农作物正常生长的药剂。

1. 按作用性质分类

（1）灭生性除草剂 这类除草剂对植物无选择性，苗草不分，凡接触药剂的植物都受到伤害致死，如百草枯、草甘膦等。

（2）选择性除草剂 这类除草剂在植物间有选择性，在一定剂量范围内，能够毒杀某种或某一类杂草，而不伤害作物，如敌稗、二甲四氯等。

2. 按作用方式分类

（1）内吸性除草剂 除草剂施用后，能被杂草的根、茎、叶、芽鞘等部位吸收，并能在杂草体内传导至植株各部分，使杂草生长发育受到抑制、破坏或死亡，如西玛津、扑草净等。

（2）触杀性除草剂 除草剂接触杂草后并不在杂草体内传导，而是杀死接触部位，特别是绿色部位，使杂草枯死，如除草醚、五氯酚钠等。

3. 按施用方法分类

可分为土壤处理剂和茎叶处理剂。

（五）杀线虫剂

用于防治有害线虫的一类农药。线虫属于线形动物门线虫纲，体形微小，在显微镜下方能观察到。对植物有害的线虫约3 000种，大多生活在土壤中，也有的寄生在植物体内。线虫通过土壤或种子传播，能破坏植物的根系，或侵入地上部分的器官，影响农作物的生长发育，还间接地传播由其他微生物引起的病害，造成很大的经济损失。用药剂防治线虫是现代农业普遍采用的有效方法，一般用于土壤处理或种子处理，杀线虫剂有挥发性和非挥发性两类，前者起熏蒸作用，后者起触杀作用。一般应具有较好的亲脂性和环境稳定性，能在土壤中以液态或气态扩散，从线虫表皮透入起毒杀作用。多数杀线虫剂对人畜有较高毒性，有些品种对作物有药害，故应特别注意用药安全。

常用的杀线虫剂分类：

1. 复合生物菌类

此类产品是最近兴起的最新型、最环保的生物治线剂，它不仅对线虫有很好的抑制杀灭作用，而且对根结线虫病具有很好的防治效果，其主要作用机制是生物菌丝能穿透虫卵及幼虫的表皮，使类脂层和几丁质崩解，虫卵及幼虫表皮及体细胞迅速萎缩脱水，进而死亡消解。该机制也决定了该类产品的施用时间可扩展至作物生长的各个阶段，但是对线虫的杀灭需要时间周期，不如化学药品那样速效。

2. 卤代烃类

此类产品是一些沸点低的气体或液体熏蒸剂，在土壤中施用，使线虫麻醉致死。施药后要经过一段安全间隔期，然后种植作物。此类药剂施药量大，要用特制的土壤注射器，应用比较麻烦，有些品种如二溴氯丙烷因有毒已被禁用，总的来说已渐趋淘汰。

3. 异硫氰酸酯类

此类产品是一些能在土壤中分解成异硫氰酸甲酯的土壤杀菌剂，有粉剂、液剂和颗粒剂，能使线虫体内某些巯基酶失去活性而中毒死亡。

4. 有机磷和氨基甲酸酯类

某些品种兼有杀线虫作用，在土壤中施用，主要起触杀作用。

杀线虫剂在农药中虽占很小比例，但很重要。

（六）杀鼠剂

杀鼠剂是指防治啮齿类动物的一类农药，包括通过胃毒和熏蒸作用直接毒杀或通过化学绝育和趋避作用间接防治的各种药剂。狭义的杀鼠剂仅指具有毒杀作用的化学药剂，广义的杀鼠剂还包括能熏杀鼠类的熏蒸剂、防止鼠类损坏物品的驱鼠剂、使鼠类失去繁殖能力的不育剂、能提高其他化学药剂灭鼠效率的增效剂等。

1. 按杀鼠作用的速度可分为速效性和缓效性两大类

速效性杀鼠剂或急性单剂量杀鼠剂，如磷化锌、安妥等。其特点是作用快，鼠类取食后即可致死，缺点是毒性高，对人畜不安全，并可产生二次中毒，鼠类取食一次后若不能致死，易产生拒食性。缓效性杀鼠剂或慢性多剂量杀鼠剂，如杀鼠灵、敌鼠钠、鼠得克、大隆等。其特点是药剂在鼠体内排泄慢，鼠类连续取食数次，药剂蓄积到一定剂量方可使鼠中毒致死，对人畜危险性较小。

2. 按来源可分为三大类

无机杀鼠剂有黄磷、白砒等；植物性杀鼠剂有马前子、红海葱等；有机合成杀鼠剂有杀鼠灵、敌鼠钠、大隆等。

3. 按作用方式可分为四大类

（1）胃毒性杀鼠剂　药剂通过鼠取食进入消化系统，使鼠中毒致死。这类杀鼠剂一般用量少、适口性好、杀鼠效果高，对人畜安全，是目前主要使用的杀鼠剂，主要品种有敌鼠钠、溴敌隆、杀鼠醚等。

（2）熏蒸性杀鼠剂 药剂蒸发或燃烧释放有毒气体，经鼠呼吸系统进入鼠体内，使鼠中毒死亡，如氯化苦、溴甲烷、磷化锌等。其优点是不受鼠取食行动的影响，且作用快，无二次毒性；缺点是用量大，施药时防护条件及操作技术要求高，操作费工，适宜于室内专业化灭鼠，不适宜散户使用。

（3）驱鼠剂和诱鼠剂 驱鼠剂的作用是，使鼠不愿意靠近施用过药剂的物品，以保护物品不被鼠咬。诱鼠剂是将鼠诱集，但不直接杀灭的药剂。

（4）不育剂 通过药物的作用使雌鼠或雄鼠不育，降低其出生率，以达到防除的目的，属于间接杀鼠剂量，亦称化学绝育剂。

根据鼠类的生物学特性，除具有强大的毒力外，理想的杀鼠剂还应有以下特点：选择性强，对人、畜、禽等动物毒性低；鼠类不拒食，适口性好；无二次中毒危险；在环境中较快分解；有特效解毒剂或中毒治疗法；不易产生抗药性；易于制造，性质稳定，使用方便，价格低廉等。兼具上述特点的杀鼠剂是新品种开发的方向。现在，兼有急性和慢性毒性的第二代抗凝血剂正在大力发展、研制。不育剂、驱鼠剂、鼠类外激素、增效剂等新的化学灭鼠药剂也正在广泛探索。

（七）植物生长调节剂

植物生长调节剂是用于调节植物生长发育的一类农药，包括人工合成的化合物和从生物中提取的天然植物激素。植物生长调节剂是人们在了解天然植物激素的结构和作用机制后，通过人工合成与植物激素具有类似生理和生物学效应的物质，在农业生产上应用，有效调节作物的生育过程，达到稳产增产、改善品质、增强作物抗逆性等目的。要按照登记批准标签上标明的剂量、时期和方法应用，这样植物生长调节剂对人体健康不会产生危害。如果操作不规范，可能会使作物过快增长，对农产品品质和口感会有一定影响，但对人体健康不会产生危害。

常见的植物生长调节剂有速效胺鲜酯（DA-6）、氯吡脲、复硝酚钠、果宝、芸薹素、赤霉素等。主要有以下几种用途：

（1）延长贮藏器官休眠期 常用的有胺鲜酯（DA-6）、氯吡脲、复硝酚钠、果宝、青鲜素、萘乙酸钠盐、萘乙酸甲酯等。

（2）打破休眠促进萌发 常用的有赤霉素、激动素、胺鲜酯（DA-6）、氯吡脲、复硝酚钠、果宝、硫脲、氯乙醇、过氧化氢等。

（3）促进茎叶生长 常用的有赤霉素、胺鲜酯（DA-6）、果宝、6-苄基氨基嘌呤、油菜素内酯、三十烷醇等。

（4）促进生根 常用的有吲哚丁酸、萘乙酸、2,4-D、比久、多效唑、乙烯利、6-苄基氨基嘌呤等。

（5）抑制茎叶芽的生长　常用的有多效唑、优康唑、矮壮素、比久、皮克斯、三碘苯甲酸、青鲜素、三唑酮等。

（6）促进花芽形成　常用的有乙烯利、比久、6－苄基氨基嘌呤、萘乙酸、2，4－D、矮壮素等。

（7）疏花疏果　常用的有萘乙酸、甲萘威、乙烯利、赤霉素、吲熟酯、6－苄基氨基嘌呤等。

（8）保花保果　常用的有2，4－D、胺鲜酯（DA－6）、氯吡脲、复硝酚钠、果宝、防落素、赤霉素、6－苄基氨基嘌呤。

植物生长调节剂的作用特点

（1）作用面广、应用领域多　植物生长调节剂可适用于种植业中几乎所有高等和低等植物，如大田作物、蔬菜、果树、花卉、林木、海带、紫菜、食用菌等，并通过调控植物的光合、呼吸、物质吸收与运转、信号传导、气孔开闭、渗透、蒸腾等生理过程而控制植物的生长和发育，改善植物与环境的互作关系，增强作物的抗逆能力，提高作物的产量，改进农产品品质，使作物农艺性状表现按人们所需求的方向发展。

（2）用量小、速度快、效益高、残毒少。

（3）可对植物的外部性状与内部生理过程进行双调控。

（4）针对性强，专业性强，可解决一些其他手段难以解决的问题，如形成无籽果实、防治大风、控制株形、促进插条生根、果实成熟和着色、抑制腋芽生长、促进棉叶脱落。

（5）植物生长调节剂的应用效果受多种因素的影响而难以达到最佳。气候条件、施药时间、用药量、施药方法、施药部位以及作物本身的吸收、运转、整合和代谢等都将影响其作用效果。

总之，农药有多种分类方法，除按药剂的化学成分分类较确切外，其他的分类方法都是相对的，因为有些药剂有多种作用方式。从应用角度来看，按防治对象对农药进行分类，与生产实际联系较紧密，便于推广。

第二节　农药的配制技术及施用

一、农药配制施用要遵循"六不要"原则

（1）不要用污水配药　污水内杂质多，用以配药容易堵塞喷头，还会破坏药剂悬浮性而产生沉淀。

（2）不要用井水配药　井水含矿物质较多，这些矿物质与农药混合后易产生化学作用，形成沉淀，降低药效。最好用清洁的河水配药。

（3）不要在风雨天和烈日下喷药　刮风时喷药会使农药粉剂和药液飘移；雨天喷药，药粉、药液易被冲刷，降低药效；烈日喷药，植物代谢旺盛，叶片气孔开张，易发生药害；强光下喷药，药剂易分解从而降低药效。最佳喷药时间为上午8~10点，下午3~6点。

（4）不要滥用农药　按作物种类、防治对象和药剂性能的不同而采用相应的农药，真正做到对症下药，滥用农药往往会造成药害。

（5）不要在花期喷药　农作物和果树的花期和幼果期组织幼嫩、抗病力弱，易发生药害，应在花期和幼果期以后喷药。

（6）不要一药连用　常用一种农药易使病虫草产生抗药性，降低防治效果，应交替施用不同的农药。

二、科学稀释农药的 4 种方法

（1）颗粒剂农药的稀释方法　颗粒剂农药其有效成分含量较低，大多在5%以上，所以，颗粒剂可借助于填充料稀释后再施用，可采用干燥均匀的小土粒或同性化学肥料作填充料，施用时只要将颗粒剂与填充料充分拌匀即可。但在选用化学肥料作为填充料时一定要注意农药和化肥的酸碱性，避免混合后引起农药分解失效。

（2）液体农药的稀释方法　要根据药液稀释倍数及药剂活性的强弱而定。小面积用药时可直接进行稀释，即在准备好的配药容器内盛好所需用的清水，然后将定量药剂慢慢倒入水中，用小木棍轻轻地搅拌均匀，便可供喷雾施用。如果在大面积防治中需配制较多的药液量时，这就需要采用两步配制法。其具体做法是先用少量的水，将农药稀释成母液，再将配制好的母液按稀释比例倒入准备好的清水中，搅拌均匀为止。

（3）可湿性粉剂的稀释方法　通常也采取两步配制法，即先用少量水配制成较浓稠的母液，进行充分搅拌，然后再倒入药水桶中进行最后稀释。因为可湿性粉剂如果质量不好，粉剂往往团聚在一起形成较大的团粒，如直接倒入药水桶中配制，则粗粒团尚未充分分散便立即沉入水底，这时再进行搅拌就比较困难。两步配制法需要注意的问题是，所用的水量要等于所需用水的总量，否则，将会影响预期配制的药液浓度。

（4）粉剂农药的稀释方法　一般粉剂农药在施用时不需稀释，但当作物植株高大、生长茂密时，为了使有限的药剂均匀喷洒在作物表面，可加入一定量的填充料，将所需的粉剂农药混入搅拌，这样反复添加，不断拌匀，直至所需的填充料全部加完。在稀释过程中一定要注意做好安全防护措施，以免发生中毒事故。

三、农药的施用方法

农药的施用，既要达到防治病虫、杂草危害，又要注意人、畜及有益生物和作物的安全，还要经济、简便。因此，应针对防治对象的特点，选择适宜的药剂种类和剂型，还应采用正确的施用方法。目前，生产实践中常用的农药施用方法有喷粉法、喷雾法、撒施法、拌种法、土壤处理法、熏蒸法及毒饵法等。

1. 喷粉法

喷粉法是利用喷粉器械将粉剂农药均匀地撒布于防治对象的活动场所及寄主表面的一种施药方法。其优点是操作比较方便，不受水源的限制，功率高，对作物一般不易产生药害；其缺点是药粉易被风吹或雨冲刷，药效差，粉粒易飘移，污染环境，对人体造成危害。因此，喷粉法的应用在逐年减少。

2. 喷雾法

喷雾法是利用器械将药液雾化为细小雾滴，并使其均匀地覆盖在防治对象及其寄主表面的施药方法。按照每亩喷施药液量的多少，可将农药的喷雾法分为5类，各自特点如下表所示。

几种容量喷雾法的性能特点

指标	高容量	中容量	低容量	很低容量	超低容量
每亩施药液量（升）	>40	10～40	1～10	0.33～1	<0.33
雾滴直中径（微米）	>250	>200	100～150	50～100	70
喷洒液浓度（%）	0.05～0.1	0.1～0.3	0.3～3	3～10	10～15
药液覆盖度	大部分	一部分	小部分	很小部分	微量部分
载体种类	水质	水质	水质	水质或油质	油质
喷雾方式	针对性	针对性	针对性或飘移	飘移	飘移

目前，国内外喷施药液量均向低容量喷雾发展，这是因为小容量喷雾的单位面积用药量少、工效高、机械性能消耗低、防治及时，且对环境影响小。

3. 拌种法

拌种法是在农作物播种前，将种子与药液搅拌均匀，使种子表面形成一层药膜，然后再进行播种的施药方法。主要用于防治地下害虫、作物苗期害虫以及种子带菌的病害，且用药量少，节省劳力和减少对大气的污染等。

4. 撒施法

撒施法是将颗粒剂、毒土或其他农药制剂撒施于地面、水面的一种施药方法。如稻田防治螟虫、稻飞虱可采用撒毒土法；除草可撒施颗粒状除草剂。毒土是由农药和一定量的细土混合而成。供手撒的必须是低毒或经过加工而低毒化了的药剂。

5. 土壤处理法

土壤处理法指将药物均匀施于地表，然后耕耙，使药剂分散在土壤耕作层内。此法主要用于防治地下害虫、土传病害及杂草等。

6. 毒饵法

毒饵指利用防治对象喜食的食物为饵料，再加入一定比例的胃毒剂混配成的含毒饵料。施用方法多是根据防治对象活动规律，将毒饵施于田间或防治对象的出没场所，主要用于防治地老虎、蝼蛄、害鼠等。

7. 熏蒸法

熏蒸法指利用药剂挥发的有效成分来防治病虫害。可用于防治仓库害虫，也适用于大棚和温室病害的防治，如百菌清烟剂防治黄瓜霜霉病害。土壤熏蒸可以杀灭土壤内的病原菌、害虫等。

此外，根据特定的农药施用要求，还有浸种法、浸苗法、泼浇法、灌根法、土壤穴施或沟施法、涂抹法、注射法等施用方法。

四、农药配制的计算方法

1. 浓度与倍数的换算方法

原浓度和稀释后的浓度，求稀释的倍数，其公式为：

$$稀释倍数 = 原药浓度 ÷ 稀释后浓度$$

例如：50%氧化乐果施用浓度为0.025%，配制时应加水多少倍？

$$50\% ÷ 0.025\% = 2\ 000（倍）$$

2. 百分浓度稀释计算法

根据药液稀释前后所取原药的溶质（农药中的有效成分）量不变，可列出等式：

$$原药用量 = 要配药剂量 × 要稀释的浓度 ÷ 原药浓度$$

例如：要将50%敌敌畏配成0.05%浓度的药液15千克，需要50%原药多少千克？

$$15 × 0.05\% ÷ 50\% = 0.015（千克）$$

3. 用药量与用药量（有效成分）计算法

其公式为：原药用量 × 原药浓度 = 要稀释浓度 × 要稀释体积

例如：将20%绿长城稀释1 000倍，要配制15千克药液，应该取多少20%绿长城？

要稀释浓度为：$20\% ÷ 1\ 000 = 0.000\ 2$；要稀释体积为：$15 × 1\ 000 = 15\ 000$；
则原药用量为：$0.000\ 2 × 15\ 000 ÷ 0.2 = 15（毫升）$。

施用农药时的注意事项

（1）配药时，配药人员要戴橡胶手套，必须用量具按照规定的剂量称取药液或药粉，不得随意增加用量。

（2）拌种要用工具搅拌，用多少，拌多少。拌过药的种子应尽量用机具播种。如手撒或点种时，必须戴防护手套，以防皮肤吸收农药导致中毒。剩余的毒种应销毁，禁止用作口粮或饲料。

（3）配药和拌种应选择远离饮用水源、居民点，要有专人看管，严防农药、毒种丢失或被人、畜、家禽误食。

（4）用手动喷雾器喷药时应隔行喷施。手动和机动药械均不能左右两边同时顺风向喷。大风和中午高温时应停止喷药。药桶内的药液不能装得过满，以免晃出桶外，污染施药人员的身体。

（5）喷药前应仔细检查药械的开关、接头、喷头等处螺丝是否拧紧，药桶有无渗漏，以免漏药污染环境。喷药过程中如发生堵塞，应先用清水冲洗后再排除故障。

（6）施用过农药的地方要竖立标志，在一定时间内禁止放牧、割草、挖野菜，以防人、畜中毒。

（7）施用除草剂时，一是先要确定要防除的杂草对象是单子叶还是双子叶杂草；二是要明确防除哪一种作物田的杂草，如是禾本科作物还是阔叶作物；三是根据要防除的杂草对象和作物田正确选用对路的除草剂，没有作物的田块除草要选用灭生性除草剂；四是在喷洒除草剂时要防止雾滴向外飘移，以免影响周围的作物正常生长，造成不必要的产量损失。

总之，不管是施用杀虫剂、杀菌剂、微肥、激素或是除草剂，施药工作结束后，都要及时将喷雾器清洗干净，连同剩余药剂一起放回仓库专门保管，不能乱放乱丢。清洗药械的污水应选择安全地点妥善处理，不准随地泼洒，避免污染饮用水源和养鱼（池）塘。盛过农药的空箱、瓶、袋等要集中处理。浸种用过的水缸要洗净集中保管。

施药人员的个人防护

（1）施药人员由身体健康的青壮年担任，并应经过一定的技术培训。

（2）凡体弱多病者，皮肤病患者，农药中毒及其他疾病尚未恢复健康者，哺乳期、孕期、经期的妇女，皮肤损伤未愈者不得喷药。喷药时不准带小孩到作业地点。

（3）施药人员在打药期间不得饮酒。

（4）施药人员打药时必须戴防毒口罩，穿长袖上衣、长裤和鞋、袜，在操作时禁止吸烟、喝水，吃东西之前要用肥皂彻底清洗手、脸并漱口，有条件的应洗澡。被农药污染的工作服要及时换洗。

（5）施药人员每天喷药时间一般不得超过6小时。使用背负式机动药械，要两人轮换操作。连续施药3~5天后应停休1天。

（6）操作人员如有头痛、头昏、恶心、呕吐等症状等，应立即离开施药现场，脱去污染的衣服，漱口，擦洗手、脸和皮肤等暴露部位，及时送医院治疗。

五、目前农药使用中存在的问题

众所周知，农药在确保农业丰收与预防病虫害方面，发挥着不可替代的积极作用，但是大量、不加限制地施用化学农药也会产生一些不良后果。

1. 多次施用农药后，有害生物产生抗药性

农药的广泛应用，虽对农林业生产起到了积极作用。但是，也可导致自然界中有害生物对农药产生抗药性。除了害虫和病菌产生抗性外，也发现其他有害生物对农药产生了抗性。而且随着农业现代化的实现，农药的用量将不断增加。因此，急需研究和解决有害生物的抗药性问题。

2. 大量杀伤天敌生物，破坏生态平衡

许多种农药就其防治对象来说是十分广泛的，即所谓"广谱性"药剂。这些药剂的"选择性"很差，能有效地防治多种病虫害，因此用途广泛，这是有利的一面，但也因此而无选择地杀死多种天敌生物，其结果往往导致害虫的再猖獗。另外，也可能出现次要害虫上升为主要害虫的情况，使生态平衡遭到破坏。

3. 农药中毒事故多发、残毒威胁及环境污染严重

农药对高等动物都有或大或小的毒性，所以在施用中必须注意人、畜的安全。尤其应该重视农药的慢性毒性问题。另外，农药无论用什么方式施用，都是把药剂散布到自然界中，农药在自然界的运转情况是比较复杂的，性质稳定不易分解的农药，容易分散到环境中各个领域，并通过食物链进行生物积累，在环境中也能逐渐聚集，如果不加限制地大量使用，容易造成对环境的污染。但目前按农业部规定允许施用的大多数农药品种都比较容易分解，也不易在生物体内累积，对环境污染的危险较小。不管是稳定的还是较易分解的农药，在环境中都不是永远不变的，它们或与其他物质发生化学反应而降解，或被生物所代谢，经过一系列变化，最后变成简单的化合物进入自然界的物质循环过程中。在这个过程中，可以产生多种代谢或降解产物，一般来说，代谢或降解产物的毒性降低或无毒，但也有一些药剂能产生

更毒或致癌的代谢产物。

4. 几种植物农药的配制方法

我国植物资源丰富，其中有1万多种植物含有毒素和生物碱，具有防病、治虫、灭菌的功效，将其配制成农药防病治虫，成本低、效果好，对人畜无害，对环境无害，以下列举值得开发利用的14种植物农药。

（1）南瓜叶　少量南瓜叶加少量水捣烂、榨汁，2份原液加3份水混合，再加少量肥皂水搅匀喷雾，可防治蚜虫。

（2）番茄叶　番茄叶加少量水捣烂，去渣取汁，3份原液与2份水搅匀，再加少量肥皂液喷洒，可防治红蜘蛛。

（3）丝瓜　丝瓜加水适量捣烂，去渣取原液，7份原液与13份水混合，再加少量肥皂液搅匀喷雾；丝瓜叶0.7千克，水0.5千克，捣烂去渣取原液，每千克加水0.5千克喷雾，可防治菜青虫、红蜘蛛、麦蚜虫、菜螟虫等。

（4）马尾松针　取松针5千克，加开水5千克，密封浸泡2小时后过滤取液喷雾，可防治稻飞虱、稻叶蝉。用松针的30倍水浸液处理马铃薯，可抑制晚疫病菌孢子发芽。

（5）侧柏叶　侧柏叶捣烂后加等量水揉搓榨取原液，再加水2倍喷洒，可防治稻螟和棉蚜。侧柏叶的10倍水溶液对防治小麦锈病有明显效果。

（6）桑叶　1千克桑叶加入5千克水煮1小时，将其滤液按1:4的比例对水后喷洒，可防治红蜘蛛。

（7）苦楝叶　鲜苦楝叶晒半天后捣碎加水，叶水比例为1:2，煮沸50分后过滤，并在滤液中加0.3%的洗衣粉或肥皂，使用时加水1倍，可防治毒蛾幼虫。苦楝叶晒干后粉碎，每667平方米地施10～15千克，可防治蛴螬、金针虫等。

（8）枫杨叶　取鲜枫杨叶捣烂，每亩菜园或苗圃地埋入75～100千克，既可作绿肥，又可防治地老虎、蝼蛄等地下害虫，有效率在90%以上。

（9）臭椿叶　取臭椿叶1千克捣烂，加水3千克，过滤后喷洒，可防治蚜虫、菜青虫。用臭椿树皮15倍水浸液叶面喷洒，可防治小麦秆锈病。

（10）柳树叶　将柳树叶捣烂，加水3倍浸泡1天或用锅煮半小时，滤去渣后，直接喷洒，可杀灭蚜虫、螟虫等多种害虫。有效率在85%以上。

（11）桃树叶　取鲜桃树叶5千克，加生石灰50克，加水75千克，浸泡1天后，把桃树叶捞出拧干，将浸液过滤喷洒，防治蚜虫、红蜘蛛等害虫效果极佳。

（12）闹羊花　将闹羊花的叶或花碾成粉或泡成汁可用来防治稻螟虫、稻苞虫、玉米螟及稻瘟病等。配制方法：取闹羊花叶1千克，加水10千克，煮开后，对水100～130千克过滤后喷洒。

（13）乌桕叶　将鲜乌桕叶捣烂后加水，叶水比例为1:5，浸泡1天后，把叶捞出拧干过滤，用滤液喷洒，可防治蚜虫和金花虫等。

（14）烟叶　取烟叶 1.5～2.5 千克或烟梗 5～10 千克，加生石灰 0.5 千克、清水 25 千克，浸泡 24 小时，过滤后再加水 25～30 千克，可防治水稻螟虫、稻飞虱、叶蝉和棉蚜等。

复习思考题

1. 按作用方式农药可分为哪几类？
2. 植物生长调节剂的作用特点有哪些？
3. 你能不能配制出几种常见的植物农药？

第七章　植保机械的使用与维护

【知识目标】

　　熟悉植保机械的基本知识。

【技能目标】

　　能正确使用、保养、维修常见植保机械。

第一节 植保机械基本知识

植物保护是农林生产的重要组成部分，是确保农林业丰产丰收的重要措施之一，而用好植保机械能达到事半功倍的效果。

一、植保机械的种类

按所用的动力可分为人力（手动）植保机械、畜力植保机械、小动力植保机械、拖拉机配套植保机械、自走式植保机械、航空植保机械。按照施用化学药剂的方法可分为喷雾机、喷粉机、土壤处理机、种子处理机、撒颗粒机等。

二、植保机械的作用

自从人类开始农耕以来就面临农作物病虫害的挑战，人类为控制病虫害，从手工防治到喷撒化学农药，经历了漫长的历史，探索出了生物方法、物理机械方法、化学方法、农业方法和综合防治方法。

当化学农药的巨大威力被发现以后，化学防治技术就以空前的速度发展起来。到目前为止，化学防治技术是人类对病虫害进行综合防治最有效、最主要的手段。化学防治技术实现的重要载体就是植保机械。

三、常用的植保机械

（一）手动喷雾器

目前，我国应用最普遍的手动喷雾器具主要有3种，即背负式喷雾器、压缩式喷雾器、单管式喷雾器，尤以背负式喷雾器最多。尽管型号和品牌种类很多，但是其工作原理和操作要求都是相同的。手动喷雾器的工作原理都是液力式雾化，液力式雾化法所产生雾滴都比较粗大，在作物上易形成液膜覆盖，而且都属于大水量喷洒，因此，都会发生药液从作物上滴淌的药液流失现象。这是大水量粗雾喷洒法的共同缺点。

工农－16型背负式喷雾器

1. **背负式喷雾器**

其基本型号是3WB－16型，即工农－16型，各地所生产的同类型产品的牌号则很多。

（1）结构特点　采用液体脉冲加压泵对药液加压，体积小、密封性能好，药液排量大，利用倒装空气室对脉冲药液稳压，保持喷头连续喷射作业。药液箱不密封不受压，利用杠杆手摇，省力方便，药液工作压力为 4.0～7.8 千克/厘米^2，边加压边喷射，适宜对幼龄与中小龄果树喷药。雾滴直径为 50～250 微米，浓度为 1:（50～150）倍。

（2）技术要点

☞　液体加压泵排量大而空气室体积小，手摇 6～10 次时压力为 5～7 千克/厘米^2，当手摇感到阻力较大时，应放慢手摇速度，减少压力对橡胶环的磨损。

☞　液泵加压件是双向密封橡胶环，与泵体接触面积大、密封性好，但阻力也大，液泵加压手摇把支点又设在药箱上，每次使用时最好涂上一层肥皂，减少摩擦阻力带来的药箱摇动。

☞　空气室体积小，储存能量少，压力调节范围不宽，最好选用切向离心式喷头，为提高生产效率也可选用双喷头进行作业。不用冲击式型喷头，以保证药液的雾化质量。

☞　要根据不同作物、不同生长期和病虫害种类，选用不同孔径的喷孔片，喷头配有两种喷孔片，大孔片（直径 1.6 毫米）适于较高大作物，小孔片（直径 1.3 毫米）适于在苗期使用。

2. NS – 15 型背负式喷雾器

（1）结构特点　NS – 15 型喷雾器的药液箱仿人体后背形状，由聚乙烯塑料制成。药液箱箱壁上标有水位线，加液时液面不能高于水位线。药液箱加液口开关手把处都设有滤网，阻止杂物随药液进入喷雾器喷头而造成堵塞。NS – 15 型的箱盖与桶身是螺纹联结，密封，不漏液，箱盖上装有平阀，作业时随着液面下降，箱内压力降低，空气就从这个平阀进入药液箱内，使箱内气压保持正常。NS – 15 型喷雾器上装有直径为 38 毫米的大流量活塞泵（最大流量 2.3 升/分），皮碗由优质塑料制成，使用中不会像牛皮碗那样干缩硬化；进、出水阀采用平阀；空气室与液泵合二为一，放在药液箱内，作业时可以避免同棉花等植株相碰，损伤作物，还可以避免因空气室过载而发生的对人体伤害事故。液泵上装有安全限压阀，根据不同的喷头和作业要求，在加药液以前，更换弹力不同的安全阀，弹簧就可以将工作压力分别设定在 0.2、0.3、0.4 或 0.6 兆帕，药液压力超过预定值时，安全阀就开启，液体回流到药液箱中。另外，液泵的操作手柄可装在药液箱的左侧或右侧，便于操作。NS – 15 型喷雾器的喷洒部件由喷雾软管、揿压式开关以及各种喷杆和喷头组成。揿压式开关可按作业的需要，长时间或瞬间开启阀门，实现连续喷雾或点喷。喷杆的前端直接安装喷头，另外还配备有"T"形侧喷喷杆、"U"形双喷头喷杆、"T"形双喷头和四喷头直喷喷杆。喷头有空心圆锥雾喷头、可调喷头和标准型狭缝喷头等几种，可根据不同作业需要选购。凸形喷头片空心圆锥雾喷头工作压力为 0.3 ~ 0.6 兆帕，涡流室较深，喷雾角较小，可用于作物的苗期；双槽旋水芯空心圆锥雾喷头工作压力为 0.3 ~ 0.6 兆帕，喷雾角为 90°，雾滴较细，适用于作物叶面喷雾；标准型狭缝喷头工作压力为 0.2 ~ 0.4 兆帕，装在"T"形直喷杆上，可用于宽幅全面喷雾；可调喷头工作压力为 0.2 ~ 0.4 兆帕，装在直喷杆上，拧转调节帽可改变雾流的形状，调节帽往前拧则雾流的喷雾角变小、雾滴较粗、射程变大，往后调节则喷雾角度大、射程变小、雾滴较细。

（2）技术要点

当操作者上下揿动摇杆或手柄时，通过连杆使塞杆在泵筒内做上下往复运动，行程为 40 ~ 100 毫米。当塞杆上行时，皮碗由下向上运动，皮碗下方由皮碗和泵筒所组成的空腔容积不断增大，形成局部真空。这时药液桶内的药液在液面和腔体内的压力差作用下冲开进水阀，沿着进水管路进入泵筒，完成吸水过程。当塞杆下行时，皮碗由上向下运动，泵筒内的药液被挤压，使药液压力骤然增高，在这个压力的作用下，进水阀被关闭，出水阀被压开，药液通过出水阀进入空气室。空气室里的空气被压缩，对药液产生压力，打开开关后药液通过喷杆进入喷头被雾化喷出。

NS - 15 型喷雾器有几种喷杆，双喷头"T"形喷杆和四喷头直喷喷杆适用于宽幅全面喷洒，"U"形双喷头喷杆可用于在作物行间喷洒，侧向双喷头喷杆适用于在行间对两侧作物基部喷洒。空心圆锥雾喷头有几种孔径的喷头片。大孔的流量大、雾滴较粗、喷雾角较大；小孔的相反，流量小、雾滴较细、喷雾角较小。可以根据喷雾作业的要求和作物的大小适当选用。

背负作业时，应每分摇动摇杆 18 ~ 25 次。

这种喷雾器在换配件方面作了许多改进，为用户提供了多种选择。但机具较重，另外，可调喷头虽然可以延长喷头射程，但是同时也丧失了雾化能力，射出的基本是粗水滴而不是分散良好的雾滴。这种喷洒方法近几年来国际上已不再提倡，其不仅雾化不好、损失农药较多，而且在调节喷头时容易造成人体污染。

3. 背负式电动喷雾器

电动喷雾器从雾化装置上可分为压力式和非压力式两种。非压力式又分真空式及电热式两种。其特点是雾珠非常微小，雾化均匀，雾化量不大。

（1）结构特点　由雾化喷头、喷枪、药箱、风压机组成，其特点是拥有电瓶和高速直流电机，具有结构简单、噪声低、无污染、制造和使用成本低、震动小、操作方便的优点，可广泛用于各种农作物的病虫害防治。其雾化效果好，喷雾强劲，如果使用时调喷头直射，可以喷到近 10 米高。内设压力保护开关，在打开电源以后，只要控制手柄上的开和关，机器就会随之接通和断开，非常方便。机座上装有电压表，根据指针移动的位置可以确定内存电压的多少。配有专用充电器，采用智能三段式充电，有短路、过流、反接保护功能。电源开关和充电插座上设有保护套，控制药水进入，减少腐蚀。

（2）原理　通过压力装置，将常态下的工作液增加到一定程度的压强，高压的液体通过喷头的导水片改变流向，以较高剪切速度通过喷孔喷射出去，高速大离心力的水滴飞入空气中，被空气扯裂，达到雾化的目的。根据导水片及喷孔形状，可形成不同形状的雾团，通常圆锥形或扇状的居多。

使用前先将蓄电池充足电。将充电器插头插入充电器插座上，另一端接上 220V 的电源，红灯亮表示在充电，转换成绿灯表示电充满。在不充电的时候把充电器插座上的防护套盖上，可以起到防水作用。旋开药箱盖，将已配制好的药液加入药箱内，然后旋紧药箱盖，将机具背好，打开电源开关，再压下手柄上的开关，喷雾开始。

该机具备双喷头和可调四喷头，应根据不同防治对象，正确选用各种喷头进行作业。喷洒完毕后，将电源开关关掉，如中途暂停作业时，也要关掉电源开关，以免机内压力开关频繁工作而缩短使用寿命。停止使用前，请先用清水过滤掉水箱和水泵中的残留药液，然后对其进行充电。

（二）机动喷雾机

机动喷雾机是一种轻便、灵活、高效的植保机械，主要适用于大面积农作物病虫害防治。

1. 背负式弥雾机

（1）结构特点　机动喷雾器狭义是指 18 型背负式弥雾喷粉机，以 1E40F 汽油机（1.6 马力）为动力，采用高压离心式风机，由发动机曲轴直接驱动风机轴以 5 000 转/分的速度转动。贮药箱既是贮液箱又是贮粉箱，只需在贮药箱内换装不同的部件。喷管主要由塑料件组成，弥雾和喷粉都用同一主管，在其上换装不同的部件即可。发动机和风机都是通过减震装置固定在机架上，以减少它们在高速运转时产生的震动传给机架。

（2）工作原理

当发动机曲轴驱动风机叶轮高速旋转时，风机产生的高压气流大部分经风机出口流向喷管，少部分流经进风阀、软管、滤网到达贮药箱内药液面上的空间，对液面施加一定压力，药液在风压作用下通过粉门、出水塞接头、输液管、开关到达喷嘴（即所谓气压输液）。喷嘴位于弥雾喷头的喉管处，由风机出风口送来的气流通过此处时因截面突然缩小，流速突增，在喷嘴处产生负压。药液在贮药箱内受正压和在此处受负压的共同作用下，不停从喷嘴喷出，正好与由喷管来的高速气流相遇。由于两者流速相差极大，而且方向垂直，于是高速气流将由喷嘴出的细流或粗雾滴剪切成细小的雾滴（直径为 100～150 微米），并经气流运载到远方，在运载沿途中，气流将细小的雾滴进一步弥散，最后沉降下来。喷粉剂时，从风机产生的高速气流，大部分经风机出口流向弯头、喷管，少部分经进气阀进入吹粉管。由于风速高、风压大，气流便从吹粉管小孔吹出来，将贮药箱底部的药粉吹松散，并吹向粉门（即所谓气流输粉）。同时由于大部分高速气流通过风机出口的弯头

时，在输粉管口处造成一定的真空度，因此当粉门开关打开时，药粉就能够通过粉门，输粉管被吸入弯头，与大量的高速气流混合，经喷管吹向作物。

（3）启动前的准备

　检查各部件安装是否正确、牢固。

　新机器或封存的机器，首先排除缸体内封存的机油（排除方法：卸下火花塞，用左手拇指稍堵住火花塞孔，然后用起动绳拉几次，将多余机油喷出），再检查火花塞是否跳火（蓝火花为正常）。

　检查压缩比，用手转动启动轮，活塞近上死点时有一定压力，并且越过上死点时，曲轴能很快地自动转过一个角度。这是因为压缩气体迫使后塞下行。

　严格按比例混合燃油，并应通过滤网加入油箱（最初 50 小时内混合比为 15:1，运转 50 小时后混合比为 20:1，严禁单用汽油作燃油，须用油瓶或量杯配比）。

　打开油开关，按浮子室加浓杆，观察油路是否畅通，有无燃油从空气滤清器处流出，如未按加浓杆前已溢油，可用起子柄轻敲浮子室外壳，若仍溢油，可把黄铜支架向下弯曲调低油面。

（4）汽动机起动步骤

　将汽化器阻风门关闭 1/3～2/3（热机启动可以不关），目的是加浓混合汽油的比例。

　手油门全开或打开 1/2。

　按加浓杆，使汽化器溢油（热机不可按）。

　在汽油机左侧，左脚踩住下机架，将启动绳顺时针绕 2～3 圈，左手扶

机器，右手用力，迅速、平稳地启动。正常机器，3～5次即可发动。拉绳时注意将机器固定好，防止倒翻。不准把拉绳绕在手上，防止曲轴反转伤人。注意不要把手碰到清音器盖板，以免擦伤。避免热机烫伤。

☞ 启动后随即将阻风门全开，并将手油门放在最低速运转位置，运转3～5分，等机器温度正常后，再加速进行工作。

（5）运转中注意事项

☞ 不工作时不要加大油门高速运转。

☞ 随时注意汽油机温度、烟色、声响，有异常时应立即停车检查，以免发生严重事故。

☞ 试火花塞火花时，应将火花塞螺纹部分贴在缸盖上，拉动起动轮，禁止将火花塞贴住汽化器试火，以免着火烧坏机器。

☞ 停车时应先低速运转3～5分，每班工作结束时，关闭油开关，让汽化器中燃油烧净而自动停车。

（三）喷杆式喷雾机

喷杆式喷雾机是指由拖拉机驱动并将喷头装在横向喷杆或竖立喷杆上的机动喷雾机。该类喷雾机的作业效率高，喷洒质量好，适合大面积喷洒各种农药、肥料和植物生长调节剂等液态制剂，广泛用于大田作物的植保领域。喷杆式喷雾机按其与配套动力的连接方式分为悬挂式、牵引式和自走式。

悬挂式喷雾机

1. 悬挂式喷雾机

悬挂式喷雾机对作物的压损较牵引式小，但悬挂式因机架与拖拉机三点铰接，药箱的容量会受到限制。在有些情况下，农户会在拖拉机的前面或两边加辅助药箱，使拖拉机的负重更为均衡，但如果地块面积很大，需要很大药箱的话，还应选用牵引式喷雾机。对于小型拖拉机，如果因药箱太大而超重，会引起整机不稳定，在一般情况下农户会选择悬挂式喷雾机。

牵引式喷雾机

2. 牵引式喷雾机

牵引式喷雾机更容易与拖拉机连接，分离也很容易，这对一机多用是非常重要的。在坡地上，牵引式喷雾机要掌握好喷雾机的前进方向会有一些困难，但新设计的双杆式牵引较好地解决了这个问题。这种系统设计有两个铰接点，连接在同一水平上，这样可以允许喷雾机与拖拉机有垂直方向的相对运动，并可限制喷雾机的侧滑。有些系统还设计了电子自动矫正装置，适用于大型喷雾机。

3. 自走式喷雾机

对于那些喷雾机使用非常频繁的地方，自走式喷雾机或许更为合适。有些作物，如玉米需要机器有较高的离地间隙，自走式喷雾机可以满足要求。

4. 机具准备与调整

喷杆式喷雾机与拖拉机的连接应安全可靠，所有连接点应有安全销。悬挂式喷雾机与拖拉机连接后，应调节上拉杆长度，使喷雾机在工作时雾流处于垂直状态；牵引式喷雾机与拖拉机连接前应调节牵引杆长度，以保证机组转弯时不会损坏机具。

自走式喷雾机

横喷杆式喷雾机喷洒除草剂作土壤处理时，应选用 110 系列狭缝式刚玉瓷喷头，喷头的安装应使其狭缝与喷杆倾斜 5~10 度，喷杆上喷头间距为 0.5 米。

选用不同喷雾角的扇形雾喷头或喷头间距时喷头离地高度 （厘米）

喷头喷雾角	喷头间距	喷头离地高度
65°	46	51
	50	56
	60	66
	75	83
85°	46	38
	50	46
	60	50
	75	63
110°	46	45
	50	50
	60	56
	75	86

苗带喷雾时各种苗带宽度用不同喷头作业时喷头离地高度 （厘米）

苗带宽度（厘米）	喷头喷雾角度	
	60°	80°
20	18	13
25	22	15
30	26	18
35	31	20

各种扇形雾喷头离地不同高度时的喷幅 （厘米）

喷头高度（厘米）	喷头喷雾角度			
	65°	73°	80°	150°
15	19.1	22.2	25.2	112
20	25.5	29.6	33.6	149
25	31.9	37	42	187
30	38.2	44.4	50.3	224
40	51	59.2	67.1	299
50	63.7	74	83.9	373
60	76.4	88.8	101	448
70	89.2	104	117	522

喷头高度（厘米）	喷头喷雾角度			
	65°	73°	80°	150°
80	102	118	134	597
90	115	133	151	672
100	127	148	168	746

喷雾机至少有3级过滤，即加水口过滤（有自动加水功能的机具应有吸水头过滤）、喷雾主管路过滤、喷头过滤。各过滤网的孔径应逐级变细，喷头的滤网孔径不得大于喷孔直径的1/2。

按使用说明书要求做好机具的其他准备工作，如液泵及各运动件加注机油、黄油，对轮胎充气等。

拖拉机行走速度和单位面积喷液量成反比，即车速快，喷液量小，车速慢、喷液量大。作业时拖拉机的行车速度应控制在6千米/时内为宜，最高不宜超过8千米/时，机组作业速度应保持稳定，不能随意改变速度，机组作业速度（v）计算公式如下：

$$v = 600q / (B \times Q) \text{（千米/时）}$$

式中：V——拖拉机行走速度（千米/时）；

q——机组每分喷液量，等于喷头单口喷液量（升/分）×喷头个数；

B——喷杆喷雾机的喷幅（米）；

Q——农艺上要求的施液量（升/公顷）

例：大豆喷洒除草剂要求喷药量为100（升/公顷），喷药机单个喷头每分喷药量为0.5升/分，喷药机共有12个喷头，则机组工作幅宽为6（米），可得出喷药机组行驶速度 $v = 600q / (B \times Q) = 600 \times 0.5 \times 12 / (6 \times 100) = 6$（千米/时）。

拖拉机轮胎的新旧程度、田间作业土壤疏松度等因素均会影响车速。因此，施药前除了要计算拖拉机行走速度外，还要实测和校核拖拉机行走速度。一般采用百米测定法：在田间量出100米距离，用秒表计时，拖拉机以计算的速度行走100米，记录所需时间，重复3次。如与计算值有差值，可通过增减油门或换挡来调整速度。

施药中的要求

（1）有自动加水功能的机具应先在药箱中加少量清水，再按使用说明书要求启动机器加水，与此同时将农药按一定比例倒入药箱（无自动加水功能的机具应先加水再加农药）。对于乳油和可湿性粉剂一类的农药，应事先在小容器内加水混合成乳剂或糊状物，然后倒入药箱。

（2）启动前，将液泵调压手柄按顺时针方向推至卸压位置，然后逐渐加大拖拉机油门至液泵额定转速，再将液泵调压手柄按逆时针方向推至加压位置，将泵压调至额定工作压力，打开截止阀开始工作。

（3）横喷杆式喷雾机和气流辅助式喷杆喷雾机喷施除草剂作土壤处理时，喷头离地高度为0.5米；喷杀虫剂、杀菌剂和生长调节剂时，喷头离作物高度0.3米。

（4）作业时驾驶员必须保持机具的速度和方向，不能忽快忽慢或偏离行走路线。一旦发现喷头堵塞、泄漏或其他故障应及时停机排除。

（5）无划行器的喷杆喷雾机喷除草剂时，应在田间设立喷幅标志，以免重喷或漏喷。

（6）停机时，应先将液泵调压手柄按顺时针方向推至卸压位置，然后关闭截止阀停机。

（7）田间转移时，应将喷杆折拢并固定好，切断输出轴动力。行进速度不宜太快，以免颠坏机具。悬挂式机具行进速度应≤12千米/时，牵引式机具行进速度应≤20千米/时。

施药后的保养

（1）每班次作业后，应在田间用清水仔细清洗药箱、过滤器、喷头、液泵、管路等部件。清洗方法：药箱中加入少量清水，启动机具并喷完，反复进行1~2次。

（2）下一个班次如更换药剂或作物，应注意两种药剂是否会产生化学反应而影响药效，或对另一种作物产生伤害。此时，可用浓碱水反复清洗多次（也可用大量清水冲洗后再用0.2%碳酸氢钠溶液或0.1%活性炭悬浮液浸泡），再用清水冲洗。

（3）泵的保养按使用说明书的要求进行。

（4）当防治季节过后，机具长期存放前，应彻底清洗机具并严格清除泵内及管道内的积水，防止冬季冻坏机件。

（5）拆下喷头清洗干净并用专用工具保存好，同时将喷杆上的喷孔封好，以防杂物、小虫进入。

（6）牵引式喷杆喷雾机应将轮胎充足气，并用垫木将轮子架空。

（7）将机具放在干燥通风的仓库内，避免露天存放或与农药、有腐蚀性的物质放在一起。

（四）风送式喷雾机

风送式喷雾机分为自走式和拖拉机牵引式两种。它依靠风机气流输送药液到靶标作物，可以提高雾滴的沉积率，但无法避免雾滴飘移，可用于果园和大田病虫害防治作业。

拖挂风送式喷雾机

拖拉机牵引型风送喷雾机

1. 使用方法

3WFX–400 型悬挂风送式远射程喷雾机是由 20 马力柴油悬挂作业的一种喷雾机新产品，广泛用于农田、草原、蔬菜、苗圃等地区的病虫害防治。它具有以下特点：射程远，雾滴细而均匀，作业效率高；结构简单，使用方便，机动性好；适应性广，喷雾机的喷雾量可以调节，既可进行超低喷雾，又可进行低量喷雾，满足不同喷雾作业的需要；药液箱、喷头等主要工作部件采用优质工程塑料制造，耐腐蚀性超强，使用寿命长；风筒可上下、左右调节，以适应不同风向、不同作物高度的防治要求。

2. 主要技术参数

（1）射程≥15 米；（2）喷雾量 2~30 升/分（可调）；（3）药液箱容量 400 升；(4) 作业速度 4~8 千米/时；(5) 作业生产率≥6 公顷/时（相当于 90 亩/时）；(6) 整机净重 230 千克；(7) 外形尺寸1 200 毫米×900 毫米×2 100 毫米；(8) 配套 20 马力以上柴油机；(9) 传动轴额定转速 540 转/分。

3. 构造及工作原理

3WFX–400 型悬挂风送式远射程喷雾机主要由机架、药箱、传动轴及增速皮带轮、风机及出风管、液泵、喷头及喷雾管路系统等部件组成。

3WFX–400 型悬挂风送式远射程喷

风送式远射程喷雾机

雾机的工作原理是接合拖拉机的动力输出轴带动传动轴转动，经过皮带轮增速后带动风机液泵转动，液泵将药箱内的药液吸入后压送到位于出风管出口的喷头处；同时，风机旋转产生的高速气流从出风管喷出，吹动喷头高速旋转，将药液雾化成细小的雾滴，雾流在高速气流的带动下吹向目标作物。

风筒及出风管转向连接板上设有定位机构，转向前，先扳动手把，使定位齿脱开，转向到合适位置后，再抬起手把，使定位齿重新结合即可。

机架上设有3个悬挂点，用于与拖拉机挂接。

当需要机具停止喷雾作业时，脱开拖拉机的动力输出轴即可。

4. 使用操作方法

（1）使用前的准备工作

检查各紧固件及各连接处有无松动现象，皮带轮的皮带是否张紧适度。

将机具的3个悬挂点分别与拖拉机的上、下悬挂杆相连接，插好锁销。收紧下拉杆限位链（杆），以防止机具左右晃动。

将伸缩的传动轴脱开，两端节叉分别与拖拉机动力输出轴和喷雾机上的皮带轮轴连接。注意与拖拉机动力输出轴相连接端的节叉上的锁定销必须到位锁定；取下另一端节叉上的开口销和锁定销，安装到喷雾机的皮带轮轴上，到位后插好锁定销和开口销，以防止节叉脱开。

传动轴安装完毕后，启动拖拉机，缓慢提升喷雾机，确定传动轴的合适长度。传动轴的适合长度是指喷雾机在最低位置时传动轴有一定的重叠而不脱开，在最高工作位置时传动轴不顶死。如果传动轴过长，则需切短到合适长度。

插好长度合适的传动轴，再分别与拖拉机和喷雾机连接好。

（2）试运转

药液箱内加入适量干净的清水。

将出风管转动到顺风位置，掀起喷头保护盖。

打开药箱下部的喷雾机总开关。

起动拖拉机，将喷雾机缓慢提升到工作位置，在发动机小油门下接合动力输出轴，使风机和液泵转动，检查风机是否转动正常，叶轮有无刮蹭和不正常声响，如有问题，检查排除。

将发动机转速逐渐提高到额定转速，检查喷雾机工作情况，液泵是否正常工作，喷头是否雾化良好，出风是否强劲，喷雾管路系统有无渗漏现象，如有问题，检查排除。

喷雾机的喷雾量通过控制通往喷头的喷雾开关和通往药箱的回水开关进行调节。正常喷雾时，通往喷头的喷雾开关一般可以放在全开位置，只需控制通往药箱的回水开关的开度来调节喷雾量：回水开关全开时，喷雾量较小，逐渐减小回水开关开度，喷雾量逐渐加大，当回水开关全关（没有回水）时，喷雾量达到最大。如需进行超低量作业，在回水开关全开时喷雾量仍过大，则可以减小喷雾开关的开度，直至喷雾量满足要求。

如有必要，可按以下方法测定喷雾量：松开喷头固定螺栓，取下喷头；将回水开关和喷雾机在额定转速下工作，用容器收集喷头排出的液体，测定喷头1分排出的液体量，该液体量即是喷雾机在此开关开度下的喷雾量。改变开关手把位置，即可测定出喷雾机在不同开关开度下的喷雾量。完成上述试运转后，喷雾机即可进行正常的喷雾作业。

如果发现风机或液泵皮带轮的皮带较松，按以下方法调整：

液泵皮带张紧 松开液泵固定板的固定螺栓，移动液泵固定板，将皮带松紧度张紧到适当程度，再拧紧固定螺栓。

风机皮带松紧 先松开上部皮带轮轴承座包紧带的固定螺栓，将轴承座转动一定角度，使皮带张紧到适当程度，拧紧包紧带固定螺栓；再松开下部皮带轮轴承座包紧带的固定螺栓，将轴承座转动一定角度，使皮带张紧到适当程度，拧紧包紧带固定螺栓。

（3）喷雾作业

将机具的3个悬挂点分别与拖拉机的上、下悬挂杆相连接，插好锁销，收紧下拉杆限位链（杆），以防止机具左右晃动，连接好传动轴。

按农业防治要求的配制好药剂加入药箱，然后向药箱内加水，旋紧药箱盖。注意：药剂及水应清洁干净，不含固体杂质，以防止喷头和管路系统堵塞；加水不可过满，以防止作业时因机具晃动而洒出。

掀起喷头保护盖，根据作业时的自然风向、风力大小及作物高度，在没有风或风力较小时，出风管应略微上倾；风力较大时，出风管应水平放置。

打开总开关和回水开关，将喷雾开关手把置于关闭位置。

启动拖拉机，接合动力输出轴，使喷雾机在额定转速下工作片刻，利用液泵的回水将药液搅拌均匀。

打开喷雾开关，根据选定的作业速度和单位面积施药量要求确定所需的喷雾量，将回水开关和喷雾开关手把置于合适的位置，将拖拉机开到作业区域，接合动力输出轴，即可进行喷雾作业。

所需的喷雾量按下式确定出：$q = Q \times V \times L/600$

式中：q——喷雾机所需的喷雾量（升/分）

Q——单位面积施药量（升/公顷）

V——喷雾机作业速度（千米/时）

L——喷雾射程（米）

如果单位面积施药量 Q 的单位是升/亩，则按下式确定所需的喷雾量（其他参数的单位不变）：$q = Q \times V \times L/40$

当喷雾机要改变前进方向继续进行喷雾作业时，应随时根据风向改变风管方向。

（五）几种新型植保机械

1.3YC 型常温烟雾机

由农业部南京农业机械化研究所研制。该机采用引进技术，经国产化设计，有大、中、小和带静电等 5 个品种系列，具有烟雾扩散均匀、省水和无污染等特点，是温室大棚防治病虫害的重要机具。该机配套动力 0.8～2 千瓦，防治面积 500～5 000 米²/台。

2. 宽幅远射程喷雾机

由农业部南京农业机械化研究所研制。该机由高速陶瓷柱塞泵、组合喷枪、自动混药装置、卷管装置等组成。采用高压、宽幅、远射程均匀喷雾技术，增加了雾滴穿透性能解决了重喷与漏喷问题，可提高农药利用率；采用不下田作业方式，防治效率高，劳动强度低，施药安全，同时也解决了高秆作物机具无法下田的问题。该喷雾机有便携式、架式、车载式 3 种机型，基本上可满足不同作物的病虫害防治需求。它不仅适用于广大水稻种植地区，还适用于各种园艺及果树等经济作物种植区。

3.3WGZ－2 000 型高架自走式喷雾机

由新疆阿克苏新农通用机械厂研制，该机主要由机架、发动机、驾驶室、行走系统、转向系统、传动系统、喷药系统组成。该机的工作原理：发动机通过传动系统将动力传到行走系统，驱动喷雾机行走，由变速箱通过动力输出皮带轮带动水泵水加压，通过管路喷头实施喷雾作业，喷杆的高低及后轮距可调，另设水泵完成加水作业。该机工作幅宽 16 米，轮距调节范围 1.8～2.25 米，离地间隙 1 050 毫米，喷药架离地间隙 1 080～1 500 毫米，药箱容积 2 000 升，配套动力 38 千瓦，作业速度 2～4.6 千米/时。

四、使用植保机械时应注意的问题

（1）根据防治对象和喷雾作业的要求，正确选择喷雾机（器）的类型、喷头的种类和喷孔的尺寸。如大田防治病虫害时，选择液力式喷雾机，圆锥雾喷头；除草时应选用喷杆式喷雾机，扇形喷雾头；果树、人行道树应选用喷枪、高压、液力喷雾机，或风送式喷雾机。

（2）触杀性药剂必须将药液喷洒在害虫身上，而对于内吸性药剂则必须将药液喷洒在叶片上，使其传导给害虫。如红蜘蛛在叶片背面发生，喷洒药液时，需将喷头朝上。盲蝽则需用雾化效果好的机动喷雾器。

第二节 常用植保机械的故障与维修

一、工农-16型喷雾器

【故障现象一】

加压时手感无力，喷雾压力不足。

【故障原因】

皮碗

塞杆

皮碗干缩或损坏

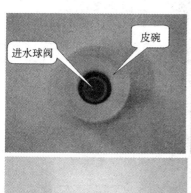

进水球阀

皮碗

垫圈

进、出水阀
失去作用

进水阀座

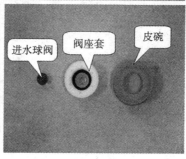

进水球阀

阀座套

皮碗

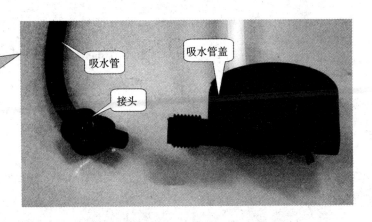

管路连接部位漏气

吸水管

接头

吸水管盖

【维修方法】

1. 将皮碗浸入机油中涨软后再使用，或更换新皮碗。

2. 拆洗进、出水阀，若阀芯玻璃球损坏，进行更换。

3. 加装或更换密封圈。

【故障现象二】

喷头雾化不良。

【故障原因】

喷药管开关

粗喷药管

胶管

粗喷药管

喷药管开关

开关被粘住

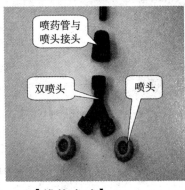

喷药管与喷头接头

双喷头

喷头

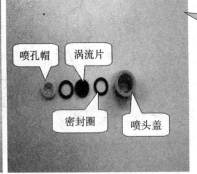

喷孔帽

涡流片

密封圈

喷头盖

喷射部件阻塞;进、出水阀密封不良。

【维修方法】

1. 将开关浸入煤油中清洗，装配时在开关芯上涂一薄层油脂。

2. 检查喷头体上的进液斜孔、胶管、套管滤网及喷孔等部位，清除杂质。

3. 清洗进、出水阀，若阀芯玻璃球已损坏，应更换新件。

【故障现象三】

加压时泵盖处漏水。

【故障原因】

1. 药液加得过满，超过泵筒上的回水孔。
2. 皮碗干缩或损坏。
3. 塞杆上密封部件损坏。

【维修方法】

1. 倒出多余药液，使液面低于安全水位线。
2. 将皮碗浸入机油中涨软后再使用，或更换新皮碗。
3. 更换新的密封部件。

【故障现象四】

开关漏水。

【故障原因】

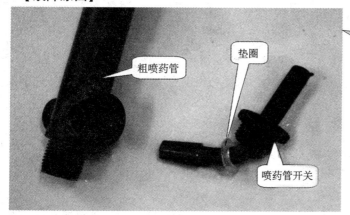

粗喷药管　垫圈　垫圈损坏　喷药管开关

【维修方法】

用煤油清洗开关或更换新垫圈。

【故障现象五】

混药器不能吸药或吸药不稳定。

【故障原因】

喷药管滤网

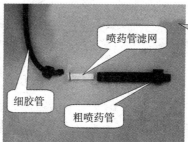
喷药管滤网　细胶管　粗喷药管

喷药管滤网堵塞或喷药管破裂；混药器连接部位螺丝松动或垫圈破裂，导致漏气；喷嘴或衬套磨损；喷嘴前移，与衬套的间隙过小。

【维修方法】

1. 清洗喷药管滤网或更换喷药管。

2. 检查各连接部位，拧紧螺丝或更换新垫圈。

3. 更换喷嘴或衬套。

4. 拆下喷嘴，加装垫圈，重新调整间隙。

【故障现象六】

喷枪雾化不良。

【故障原因】

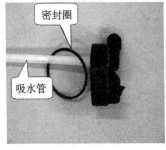
密封圈
吸水管

吸水滤网

喷雾器喷枪喷头堵塞；喷雾器喷枪喷嘴堵塞。

【维修方法】

1. 更换喷枪喷头或清除堵塞物。

2. 更换喷枪喷嘴或清除堵塞物。

二、背负式弥雾喷粉机

【故障现象一】

风量不足。

【故障原因】

风机壳

发动机转速不够；风箱内混入杂质；风机壳破裂；风机叶片打坏或叶片角度不对。

【维修方法】

1. 检查汽油机，提高转速。

2. 清除杂质。

3. 更换风机壳。

4. 更换风机叶片或调整叶片角度。

【故障现象二】

药雾喷不出或喷雾量减少。

【故障原因】

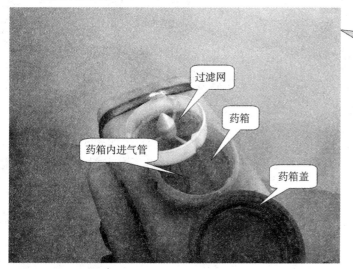

过滤网

药箱

药箱内进气管

药箱盖

发动机转速过低；进风门未打开；喷嘴或开关堵塞；药箱盖漏气；过滤网损坏，有杂物进入药箱；过滤网透气孔堵塞；药箱内进气管拧住。

【维修方法】

1. 提高发动机转速，待发动机稳定在 5 000 转/分时再打开开关喷雾。

2. 打开进风门。

3. 清除堵塞物。

4. 检查胶圈，盖好并拧紧。

5. 更换过滤网，清除药箱中杂物。

6. 疏通透气孔。

7. 重新安装进气管。

【故障现象三】

药液或药粉进入风机。

【故障原因】

1. 进气塞或进气胶圈配合间隙过大。

2. 进气胶圈损坏。

3. 进气塞与过滤网间的塑料管脱落。

4. 吹粉管与进气胶塞密封不严。

5. 吹粉管脱落。

【维修方法】

1. 更换进气塞或进气胶圈。

2. 更换进气胶圈。

3. 重新装好并紧固。

4. 重新密封好。

5. 重新装好吹粉管。

【故障现象四】

喷粉时产生静电现象。

【故障原因】

粉剂在塑料薄膜管内高速运动，由于摩擦产生静电。

【维修方法】

在喷管两卡环之间连接一根铜丝，或用一根金属线，一端接机架，另一端垂在地上。

【故障现象五】

工作时叶轮摩擦风机壳。

【故障原因】

1. 叶轮与风机壳间的装配间隙不对。

2. 叶轮与风机壳变形。

3. 叶轮盖螺帽上未装或少装垫片。

【维修方法】

1. 调整间隙。

2. 修复叶轮或风机壳。

3. 在叶轮与发动机输出轴轴套之间增加垫片。

复习思考题

1. 常用的植保机械有哪些？

2. 背负式弥雾机启动前的准备有哪些？

3. 喷杆式喷雾机施药后的保养有哪些？

农村劳动力培训阳光工程项目
地方统编教材

病虫专业防治员

谢天丁　主编

中原出版传媒集团　中原农民出版社

策划编辑　周　军·
责任编辑　王学莉
责任校对　王艳红
装帧设计　上琦品牌工作室

ISBN 978-7-5542-0579-2

9 787554 205792 >

定价：19.00元